U0625718

中国家风

左岸◎编著

中国华侨出版社
·北京·

图书在版编目（CIP）数据

中国家风／左岸编著. —北京：中国华侨出版社，
2017.6（2023.8 重印）

ISBN 978-7-5113-4637-7

Ⅰ.①中… Ⅱ.①左… Ⅲ.①家庭道德—中国
Ⅳ.①B823.1

中国版本图书馆 CIP 数据核字（2017）第 111083 号

中国家风

编　著：左　岸
策划编辑：周耿茜
责任编辑：桑梦娟
责任校对：王京燕
封面设计：胡椒设计
经　销：新华书店
开　本：710 毫米×1000 毫米　1/16 开　印张：16　字数：168 千字
印　刷：三河市华润印刷有限公司
版　次：2017 年 6 月第 1 版
印　次：2023 年 8 月第 11 次印刷
书　号：ISBN 978-7-5113-4637-7
定　价：39.80 元

中国华侨出版社　北京市朝阳区西坝河东里 77 号楼底商 5 号　邮编：100028
发行部：(010) 64443051　　传　真：(010) 64439708
网　址：www.oveaschin.com E - mail：oveaschin@ sina. com

如果发现印装质量问题，影响阅读，请与印刷厂联系调换。

前言

在中华几千年历史文明的进程中，形成了许多优良传统，家风便是其中之一。关于家风的最早记载，《礼记·大学》中有"欲治其国者，先齐其家；欲齐其家者，先修其身"的句子，大意为"要治理好自己的国家，首先要打理好自己的家；要打理好自己的家庭，必须要提高自身修养"。由此可见，一个家庭要想拥有良好的家风，个人修养至关重要，特别是一家之长，一言一行均影响着家庭里的其他成员，应该起到表率作用。

相信每一个家庭都有自己的家风，只是有些家庭或因时代变迁，对家风不加以重视罢了。而家风的形成基础通常是一个家族或家庭中有威望的人定下的规矩，一般有家规、家矩、家训等方式。不同的家庭，家规也有所不同，有的家风中注重教育，有的家风中注重仁义，有的家风中注重诚信，有的家风中注重孝悌，凡此种种，教人向善，做"仁、义、礼、智、信"实施者，从而懂得在生活中如何为人处世。这便是家风存在于家庭中的魅力，它犹若阳光照亮每个家庭成员的心灵。

可以说，家风对家族的传承至关重要。没有淳厚家风，无法使一个家族瓜瓞不绝，更无法使一个家族不分崩离析。有认同感的家族才有凝聚力，这种认同感显然不可能源于家族财产，因为财产常常会因分摊而最终罄尽，只有一种东西可以被家族中的所有成员分享，不但不会减少反而会因此增值——那就是让所有家族成员引以为豪的"家风"，家风是一个有影响力、有美誉度的家族必备的要素，也是一个家族最核心的价值。

然而，随着物质文明的不断发展，尤其是进入信息时代的今天，许多人在激烈的竞争中，对本家族或家庭的家风有所淡忘，甚至有所违背，长此以往会造成严重的后果。所以，我们在追求物质生活的同时，更应当加强精神建设，更应该把家风作为自己的行动指南。

翻开历史，我们不难发现，那些有所作为的帝王将相或圣贤伟人，他们之所以能够流芳百世，被后人敬仰，无不与家风有直接关系。例如，孟子能取得伟大的成就，就与他的母亲仉氏把家风执行到位密不可分。为了给孟子一个良好的学习环境，孟母三次搬家，勉励儿子用心读书。正是在孟母的教导下，孟子成为战国时期伟大的思想家、教育家，儒家学派的代表人物，被后人尊称为"亚圣"。

本书从教子有方、孝道长存、勤俭节约、美德流传等九个方面介绍历史上一些名人的家风故事，通过他们的言行及处世方式，可以从中感悟到家风不仅仅是对一个人言谈举止的制约，更为重要的是能提高一个人的内在素质。相信您在阅读的过程中，一方面与这些品德高尚的人对话，获取正能量；另一方面让您的灵魂真正感受到，人生的意义与真谛！

目录

六、美德流传：人性之中的精神力量

九、精忠报国：铸就生命的高尚情怀

一、教子有方：
中华文明的美丽传承

　　教育在中国家风中占据着举足轻重的地位，是中华文明的动力之源。可以说，一个人无论是年幼还是年长，一生都是接受教育的过程。特别是孩子，在成长的过程中，家风时刻在潜移默化中影响着孩子的未来。所以，良好的家风，对人性的塑造具有重要意义。

敬姜教子勤俭

春秋时期有一位女性名为敬姜，敬姜是鲁国公父文伯的母亲。在公父文伯很小的时候，她就十分注重对孩子的思想品德教育，并以自己的实际行动给孩子做出榜样。因此，公父文伯从小就养成了做人必备的美德，加上天资聪明、勤奋好学，长大后终于成为鲁国的贤臣，位居大夫之职。

有一次，公父文伯从朝中回来，就去拜见母亲，这时他的母亲正在纺麻。公父文伯说："凭着我们这样的家庭，而主母还要亲自纺麻，我担心会引起季康子的不满，他会认为我公父文伯不能侍奉母亲呢！"

敬姜闻听此言，非常生气，叹息着说："鲁国大概要灭亡了吧！让不懂事的人在朝做官，连这个道理还都没听说过吗？"

她让儿子坐下，然后语重心长地说道："儿啊，过去圣明的君主安置人民，偏选择贫瘠的土地安置他们，为的是使人民勤劳而后任用他们，因此能长久地统治天下……"

公父文伯听了母亲的一番言语，略有所悟，就对母亲说："孩儿愿听母亲赐教。"

敬姜见儿子的态度有所改变，就继续说："人民勤劳就会想到节俭，能知道节俭就会产生好的思想；安逸就会惑乱多欲，惑乱多欲就会忘记善良和美好的东西，忘记了善良和美好的东西就会产生坏思想。生活在肥沃土地上的人民往往不成才，就是因为惑乱多欲的缘故；生活在贫瘠土地上的人民，没有不向合乎礼仪的路上走的，就是由于他们经常辛勤劳动。"

　　公父文伯听了母亲的教诲后，说："孩儿一定将母亲的话语铭记在心里。"

　　教育没有一成不变的规范，关键在于教育的成果。只要能将教育者的思想、品质、处世规范、生存之道等有效地传授给被教育者，达到了教育者的目的，这种教育方式也就是成功的。敬姜没有讲太多、太大的道理，只是从勤俭入手，由浅入深，效果很好。

孔子谆谆训子贡

子贡拜孔子为师，学习了一段时间，因为家庭条件优越的缘故，他感到学习过于辛苦，何况该学的知识也学得差不多了，便对孔子说："老师，我对学习实在有些厌烦了，您所教的我都学会了，我想把学习停下来，去辅佐君王，就此休息一下。"

孔子见子贡对学业有些懈怠、自满了，此时若不及时勉励，势必半途而废，于是便耐心地开导他说："端木赐啊，你可不能就此停止学习呀。诗中说的，'每天和悦恭敬，做事小心谨慎。'你可以做到吗？常言道：'伴君如伴虎'，你以为是很容易的事情吗？辅佐君王的学问不像你想得那么简单，怎么能用这种方式休息呢？"

子贡非常聪明，反应也很快。当他听到老师说伴君是件不容易的事情，心中暗想：父母总不同于君王，当个好儿子谁不会呢？想到这里便问道："既然陪伴君王学问大，那么我把侍奉父母作为休息的方式，这样总可以吧。"

孔子听到子贡这样说，就说："诗中有，'孝子做任何事情都细致周到，永远感人肺腑。'你可以做到吗？侍奉父母不仅要嘘寒问暖、三茶六饭，还要与修养、礼仪完美地结合起来，你以为很容易吗？所以，侍奉父母的学问同样很大，怎么可以轻易地把它当作休息的方式呢？"

子贡一听，侍奉父母原来也不容易呀！心想：君王和父母都是需要尊敬的长辈，对待他们不能疏忽大意，而对待自己的妻子总不至于这么紧张吧。想到这里，就说道："我把和妻子相处当作休息的方式，这样总可以吧。"

孔子又说："没见诗中说吗，'给妻子做个好榜样，给哥哥、弟弟起表率作用，这与治家、治国几乎没有区别。'你可以做到吗？要想让他人佩服自己，首先要端正自己的品行，你以为是件容易的事吗？所以，和妻子相处的学问也深着呢，怎么可以找这样的借口来休息呢？"

听孔子这么一说，子贡心想：君王、父母的身份太尊贵，和妻子相处需要时刻亲近对方，这样的分寸不太好把握。交朋友应该容易些，只要我为人仗义、以诚待人，就什么都有了。于是对孔子说："我干脆把交友当作休息的方式，这样总可以吧。"

孔子想让子贡彻底醒悟，决定顺着他的提问，一劝到底。便说："诗中说得非常好，'朋友之间要想维护好友谊，需要经常关怀和呵护，同时也不能偏离法度和礼仪。'你可以做得到吗？交友的目的不是结党营私，加深友谊但不能丧失人格，规劝朋友时不能损害对方的自尊，你以为是件容易的事情吗？所以，交朋友的学问不像你想象得那么简单，更不能把它当作休息的方式。"

　　子贡以为这些都是自己擅长的，没想到其中还有这么深奥的道理。自己问了半天，一件事也没问到点子上。他平素喜欢和人辩论，一向不服输，今天的事，显然是自己一错再错，子贡真的有些沮丧了。人生无论怎么过还不都是一辈子吗？那些种田人多数是不识字的，不也生活得很舒心吗？何况我满腹诗书，做个隐士也不错啊。子贡这样想着，便对孔子说："看来，只有种田能让我得以休息了，我要去种田。"

　　见子贡这态度，孔子便说："没见诗中说吗，'白天去割草，夜晚拧草绳，及时盖新房，当春秋种杂粮。'你能做到吗？吃苦耐劳，顺天应时，你以为就那么容易吗？种田怎么能使你休息呢？"

　　子贡心想，有这一星半点的学问，算是骑虎难下了。他仍不死心，又焦急地问道："照老师的说法，我连歇一会儿的地方也没有了吗？"

　　孔子郑重而不失幽默地说道："有的，当人们发现有一座新坟孤零零地立在那儿，像个小山，又像一只鼎，就知道你是在里面歇着呢。"

　　"天啊！这不是死了吗？"子贡心里猛地一震。他恍然大悟，惭愧地说："老师，您的话多么深刻啊！我终于懂了，学习是不可以停止的。只有当走进坟墓的时候，学而不厌的人才可以休息，而不学无术的人，他的一生也就永远断送了。"

孟母三迁

孟子，名轲，邹（今山东邹城）人。他幼年丧父，于是，对孟子的教育就落在了母亲仉氏一人的肩上。

孟子家的附近有一片松林，那里有一块墓地，各家各户出殡、送葬的队伍都从他家门口经过。送葬时，死者的家属披麻戴孝，哭哭啼啼，吹鼓手在旁边吹吹打打，颇为热闹。年幼的孟子善于模仿，对一切事物都感到好奇，他看到这情景，便一会儿假装孝子贤孙，哭哭啼啼，一会儿把手放在嘴边，模仿吹鼓手的样子。他看到人们掘土刨坑，把棺木放下去，他就和左邻右舍的孩子模仿起来，挖一个小坑，然后放进一把草，当作死人，再用泥沙堆成一个土堆，当成坟地，玩得津津有味。

孟母看见儿子这样，便想，"这个地方不适合孩子居住。"于是，不久就把家搬进城里。邹城的街市十分热闹。孟子居住的那条街上，有卖布的、卖杂货的，还有做陶器的、榨油的。孟子的西邻是打铁的，东邻是杀猪的。打铁声和杀猪的惨叫声，不断传入孟子的耳朵，孟子便跟着学了些做买卖和屠宰的本事。孟母又想："这个地方还是不适合孩子居住。"

这一次孟母带着孟子搬到了城东的学宫对面。学宫里面书声琅琅，这下子可把孟子吸引住了，他时常跑到学宫门前张望。他看到一群学生安静地坐在下面，老师坐在上面，老师念一句，学生跟着念一句，念一段之后，就叫学生背诵；老师有时还带领学生演习周礼（就是周代传下来的一套祭祀、朝拜、来往的礼节仪式）。孟子心里十分羡慕，经常看得入神，自己也不知不觉地模仿起来。

慢慢地，孟子学会了在朝廷上鞠躬行礼及进退的礼节。孟母说："这才是孩子居住的地方。"就这样在这里定居下来了。

后来，孟子努力攻读《诗》《书》，认真演习礼、乐。随着日月的流逝，孟子的知识也不断丰富，他还继承和发展了孔子的思想，提出了一套完整的思想体系。他是中国战国时期的思想家，儒家学派的主要代表之一，被后人尊奉为"亚圣"。

孟子论教子

孟子在包括家教在内的教育方面，有不少独到的见解。

孟子认为"教亦多术矣"。他自己总结了五种教育方法："有如时雨化之者，有成德者，有达财者，有答问者，有私淑艾者。此五者，君子之所以教也。"像及时的雨水那样滋润，成全品德，培养才能，解答疑问，让学生自己去向以往的榜样学习，都是教育的方式。他甚至认为，自己不屑于去教诲某人，也是一种教诲。

具体到对儿子的教育，孟子的主张却出人意料：不要亲自去教育。他的学生公孙丑弄不明白，就问他："君子之不教子，何也?"孟子回答说："势不行也。教者必以正，以正不行，继之以怒。继之以怒，则反夷矣。'夫子教我以正，夫子未出于正也。'则是父子相夷也。父子相夷，则恶矣。古者易子而教之，父子之间不责善。责善则离，离则不祥莫大焉。"

孟子认为，教育儿子要用正道正理，如果没效果，父亲就会愤怒。而一愤怒，就会伤感情。儿子还会说："您拿正理正道来教我，您的所作所为却不出于正道正理。"这样，感情一伤，父子间就会产生隔阂。而隔阂存在于父子之间，那是最为不好的事。

孟子的这一意见是与他对整个社会的看法一致的。他认为："天下之本在国，国之本在家，家之本在身。"家庭成员之间应当保持一种亲爱和谐的气氛，"人人亲其亲，长其长"，才会"天下平"。父子关系是家庭中最重要的，"亲"是其基本原则，"不得乎亲，不可以为人；不顺乎亲，不可以为子"。亲自去教育儿子，容易造成感情的破裂，甚至会破坏社会的稳定。

所以说，亲自教育儿子而使自己陷入两难的境地，这种情况是存在的。2000多年前的孟子就注意到了这种现象，应当说是对我国家教理论的一大贡献。

田母教子退金

有一次，齐国相田稷子悄悄接受了下级贿赂的黄金2000两。他把钱带回家去交给母亲，本以为母亲见了会非常高兴。

谁知，母亲一见这么多钱，竟疑惑不解地问："儿啊，这么多钱是从哪儿来的？是不是有愧于做一个正直君子的德行？"

开始田稷子还想遮掩，可母亲紧追不放，"儿啊！你虽然身为一国之相，可你在我面前永远是晚辈。母亲我在世上活一天，就一天也不能放松对你的教育，我绝不能眼看着你走上邪道！"

田稷子看实在瞒不过母亲了，就老老实实承认道："儿不敢欺蒙母亲，这些钱是一个下级官吏送给我的。这钱，我立即退……"

母亲还没等他说完，大声呵斥道："做大臣不忠，和做儿子不孝一样。这钱对你来说是不义之财，不义之财，我不能要。不孝的儿子，哪怕你是再大的官，我也不能认这个儿子！"

田稷子听了母亲的教训，惭愧得无地自容。他很快地把那2000两黄金全部退还给那人，并且亲自到齐王那里去请罪。

齐宣王对田母大加赞赏，他上朝颁诏，赦免了田稷子的罪行，并且对他的母亲进行了奖励。

孙叔敖母勉子立德

孙叔敖，芌氏，名敖，字孙叔，一字艾猎，期思（今河南淮滨东南）人，春秋时楚国令尹。

孙叔敖小时候外出游玩，看见一条两头蛇，便"杀而埋之"。回家后，孙叔敖见到母亲，哭着说："我听人说，'见两头蛇者死'，今天外出游玩，我就看到一条两头蛇。"接着大哭不止。孙叔敖的母亲抚摸着儿子的头，问："蛇现在在哪儿？"孙叔敖擦干眼泪，说："我担心别人再看到它，就把它杀了，然后埋了。"母亲听后，安慰道："孩子，你不会死的。人们说：'有阴德者，阳报之。'德能够战胜不祥，仁能消除百祸。《尚书》上也讲：'皇天无亲，惟德是辅。'孩子，你一定能在楚国有所作为！"孙叔敖这才破涕为笑。

孙叔敖长大后，楚令尹虞丘把他推荐给楚庄王，后来他做了令尹，施教导民，自奉极俭，使吏无邪奸，盗贼不起，成为楚庄王信赖倚重的大臣。

孙叔敖杀两头蛇的故事流传很广，孙叔敖母勉子立德的故事也历来为人称颂。古人说："爱子，教之以义方，弗纳于邪。"母亲从小教育孙叔敖为他人着想，使他从小就胸怀广大，这对孙叔敖的成长是一个促进。传说孙叔敖"未治而国人信其仁"，这同他母亲的教导关系很大。

子发母闭门拒子

子发是战国时期楚宣王手下的一员大将，他的母亲是一位关心国家大事的老人。有一次，儿子正在率兵与秦国交战，她见前线来了使者，忙问："前线的兵士们都很好吗？"

使者摇摇头，回答说："大家苦极了！我这次回来，就是奉了将军之命，向君王告急的，请求君王快快运些粮草支援前线。军队里眼下只有一点点豆子，兵士们只能一粒一粒地分着吃。"

子发的母亲听了使者的一番陈述，不由得流露出焦虑的神情。她停顿了一会儿，忽然又问："你们将军的身体好吗？"

使者一听，心想：哪个母亲不关心自己的儿子？将军的母亲也担心自己的儿子受苦哩！于是，忙解释道："老人家且请放心，兵士们虽苦可是苦不着将军，将军每顿都能吃上肉食和米饭，他的身体很好。"

子发的母亲听了这话，脸立即沉了下来，使者见老人露出不高兴的样子，也弄不清是怎么回事，可又不便再说什么，便告辞了。

后来，子发率领的军队打败了秦军，胜利回朝。回家来探望母亲，他本以为母亲会十分高兴地迎接他。不料，他来到家门口，母亲却把大门紧闭，不让他进门。他感到莫名其妙，自言自语道："这到底是怎么回事？"

不一会儿，母亲派了个人出来见子发，对他说："你听说过越王勾践伐吴的事吗？有人献给越王勾践一罐酒，他就派人把酒倒在江的上游，让兵士们一起饮下游的水。虽然大家并没有尝到酒味，可每个人的战斗力却提高了五倍。过了几天，又有人献给越王勾践一口袋干粮，他又把这些干粮分给兵士们。虽然大家并没有吃饱肚子，可每个人的战斗力却提高了十倍。"

子发听了这番话，不解地问："您跟我讲这些事是什么意思呀？"

"这还不明白吗？现在，你作为将军，领兵到前线打仗，粮食不够，兵士们只能分一点豆粒吃，你自己却每顿都能吃上肉食和米饭，这是什么道理？"

子发被说得低下头，显出很惭愧的样子。

那人接着说："以上的话，都是你的老母亲派我说给你听的。她老人家还说，你这样做，还能算是她的儿子吗？你不要进她的门了！"

子发听了母亲的严厉批评，觉得很有道理，当下向母亲谢罪，承认自己的错误，表示自己下定决心要改正。母亲听后，才让他进入家门。

赵括父母不护子短

战国时赵孝成王七年（公元前 259 年），赵与秦在长平（今山西高平县西北）对阵。当时赵国的名将赵奢已经去世，上卿蔺相如病重，带兵的是大将廉颇。廉颇采用筑垒固守、坚不出战、以逸待劳的策略，消耗秦军。秦为攻，赵为守，秦军强，赵军弱，秦欲速战速决，于是派奸细散布流言说："对赵国，秦国谁都不怕，就恐惧赵奢的儿子赵括为将。"赵王对廉颇坚守不战本就不满，一听此言，就立即召回廉颇，让赵括去担任赵军统帅。这一决定，引起了包括赵括母亲在内的许多人的反对。

赵括身为名将之子，自幼跟父亲读了不少兵书，踌躇满志。确实，在理论上他很有一套，但赵奢深知自己儿子的不足和致命弱点，并不认为赵括是带兵打仗的将才。为了国家的利益，赵奢还将赵括的弱点告诉过他的同僚。所以，当赵孝成王任命赵括去接替廉颇时，首先遭到了病中的蔺相如的反对，赵王不听。

赵括自负其才能，不管众人的异议，打点行装，准备出发前去接任。他的母亲又赶紧上疏赵王说："赵括不能领兵打仗。"赵王迷惑不解，于是请赵括的母亲前去询问。赵括的母亲说："他虽然在谈论兵法时，很有一套，但是致命的是，他没有一点实战的经验。"但赵王坚持自己的意见，赵括的母亲只好请求赵王："赵括打败了，不要治我们的罪。"赵王答应了。

赵括接替廉颇后，更换将领，改变部署，与秦军大战于长平。秦军利用赵括高傲轻敌、不应变化的弱点，赵军屡败。最后赵括被困，突围身死。

常言道："知子莫如父。"了解子女的不足，这是每个父母都能做到的。但知其子短而不护短，却不是人人都可以达到的。

司马谈教子承父业

汉朝史学家司马谈死后，他的儿子司马迁便子承父业，做了汉武帝的太史令。由于李陵事件的牵连，司马迁被捕入狱，遭受宫刑。他忍着奇耻大辱，为了实现父亲的遗愿和自己的大志，发愤著书，经过十多年的不懈奋斗，终于完成了一部不朽的传世之作。这便是被后人称颂为我国历史上第一部传记体的，具有极高思想价值和艺术价值的巨著——《史记》。

司马迁所取得的成就，与他父亲的影响和教育是分不开的。

司马迁的父亲司马谈任太史令期间，不仅忠实记载史实，履行史官的职责，而且希望他的儿子司马迁也能继承他的事业。为此，司马谈在儿子小时候就经常向他讲一些历史故事，培养孩子对历史的兴趣。并且，司马谈还常常语重心长地教育孩子：做一个史官最要紧的是忠实地记载历史。

司马迁长大后，司马谈就把他送到当时著名的大家孔安国、董仲舒那儿就学。司马迁20岁时，司马谈又让他南游江淮，登临会稽，探察禹穴，窥伺九嶷，浮游沅水、湘江，北涉山东汶水、泗水，讲业山东都城，考察孔子遗风，还到今山东藤县和江苏徐州一带考察。经过刻苦学习和广泛游历，司马迁终于成为一个"涉猎广博，贯穿经传，驰骋古今"的大家。

汉武帝元封元年，司马谈病危，司马迁正巧返回家乡。父子相见，父亲拉着儿子的手，流着眼泪说："我们家从周朝起世世代代当史官，我死后，你一定要继续做太史。等你做太史了，千万不要忘记我想做的事业。自孔子以来已经400多年，由于诸侯兼并，历史的记载也放松甚至中断了，现在海内已经统一，正是可以续这段史书的时候。我作为太史令没有对这段历史做完备的记载，心中很是不安，你要记住我的遗愿，完成我没有完成的事业。"

父亲的临终嘱咐更坚定了司马迁写史书的决心，他哭着回答父亲："儿子虽不聪敏，但一定要继续编写先人所搜集的逸闻轶事，评论历史，决不会忘记父亲的嘱托。"

司马迁没有辜负父亲的期望。他的《史记》被鲁迅誉为："史家之绝唱，无韵之离骚。"

齐高帝训子

南齐皇帝萧道成为了巩固自己的统治，把国家治理好，让人民安居乐业，他的治国方法与刘宋王朝的历代皇帝都不一样。

他特别重节俭，常对臣下说："皇帝不节俭，大肆铺张浪费，就会有人也跟着我学，讲排场，求享乐。我们吃的、穿的、喝的、戴的都是老百姓用血汗换来的，大家必须珍惜。当我们大摆酒宴的时候，要看看民间有没有吃不上饭的，当我们住在富丽堂皇的深宅大院的时候，听听百姓草房里有没有漏雨的声音。我们从皇帝到臣下，都靠百姓养活着，我们必须为百姓着想，不能凡事都只为自己打算。"

大臣们听得非常认真，都为皇帝的一席话所折服，于是大臣们都按皇帝所说的行事。他们从吃的到住的都很简朴，从不摆阔气，不修豪宅大院；他们上朝时，不穿绫罗绸缎。皇帝见了高兴地说："让我治天下十年，要让黄金与泥土同价。"而他本身更是以身作则。他反对皇帝佩戴玉制的装饰品，以象征高雅、富贵和权威，他以为它是诱惑人们追求奢侈享乐的根源，叫人们禁止使用。同时皇帝座驾上的华盖也不用镶金装饰品，他还下令人们不要用金铜制的器皿和装饰品，认为这是浪费财物。他这种简朴的生活作风，是古代帝王中少有的。

萧道成是南齐最有作为的皇帝，可惜的是，他只做了四年皇帝就过世了。临终前，他嘱咐太子萧赜："三国时期，为什么曹丕的后代没能保住魏国，反而让司马炎篡夺了王位呢？最主要的原因是曹丕及其后人对手足杀的杀，流放的流放，造成朝中没有曹家自己的人，大权落在异姓人手里，致使司马炎夺取了曹家天下。同样，刘宋皇室若不手足相残，我当时能建立齐国，取代刘宋吗？我死后，你千万要保护好萧家的人，不要为皇权大开杀戒，重蹈覆辙，连自己的骨肉亲情都不顾的人，他当上皇帝能为天下百姓造福吗？"

齐武帝萧赜遵从了萧道成的遗训，在治理国家和爱护同室兄弟方面都做得很好，国家政治稳定，经济复苏得很快。

唐太宗教诲太子李治

晋王李治被任命为太子后，李世民唯恐他不能继承自己的皇位，因此一有机会就对李治进行教诲。吃饭的时候，对他说："你只有知道农民种庄稼的艰难，不去占用他们劳作的时间，才能吃上这样的饭。"骑马的时候，又对他说："你只有安排好它的劳役和休息，它才能供你骑坐。"

有一次，李世民和太子乘船渡过正在汛期的渭水。船到河心，上下颠簸。李世民看着滚滚的河水，对太子说："你知道吗，水可以载船，也可以使船倾覆。百姓就像河水，帝王就像船。百姓可以服从帝王，也可以把帝王推翻。所以，作为一个帝王，要当心啊！"过了河，大家上岸。太子信步走到一棵树下休息。李世民走了过去，抬头看了看树，说："真是一株好树啊！"然后又对太子说："木材要经过木匠的尺量斧砍才能端正，帝王要听从臣子的规劝才能英明。你可千万不要忘记这一点啊！"

到了贞观二十二年，李世民自己觉得身体一天不如一天，预感到在人世的日子已经不多了，于是作了《帝范》12篇赐给太子。他说：

"修身立德，治理国家的事情，已经全在里面了。我一旦有不测，这就是我的遗言。除此以外，再也没有什么可说的了。"太子接过《帝范》，悲不自胜，泪如雨下，说："儿臣当朝夕捧读，身体力行，永志不忘。"李世民又说："你应当更以古代的圣人们作为自己的老师，像我这样，还不值得效法。古文说，效法上等，仅能学到中等；而效法中等，必然要成为下等；你若只学我，就连我也赶不上了。"在一旁的大臣都说："古今帝王，臣等也听过不少，但能超过陛下的，还未见到一个。"李世民说："那是你们过誉了。我居大位以来，不对的地方还是很多的：锦绣绸缎、珍宝珠玉不绝于前，宫室楼台屡有兴建，好狗骏马，再远的地方我也要弄来，又经常外出巡游，劳费和麻烦百姓。这些都是我的过失，你们可千万不要以为是对的而加以学习。"太子说道："陛下曾叫儿臣到各地视察，了解民间疾苦。所到之处，百姓都无不歌颂陛下宽仁爱民，怎么还说有过失呢？"李世民说道："我不过度使用民力，给百姓的益处很多，又开创了大唐的天下，功劳很大。因为给百姓的益处多损害少，所以百姓还不抱怨；又因为功劳大而过失小，所以事业才没有垮掉。但比起尽善尽美来，还差得远呢！"又告诫太子说："你没有我的功劳而要继承我的富贵，只有好好干，才仅仅能保住国家平安，若骄纵懒惰，奢侈淫逸，那么，恐怕连你自己都保不住。况且，一个政权建立起来很慢很难，而要败亡，那是很快的事；天子的地位，得到它很难而失掉它却很容易。所以，一定得爱惜，一定得谨慎啊！"

太子李治叩着头说："陛下的教诲，金口玉言，一字一言，儿臣
当铭刻在心，决不叫陛下失望。"李世民说："你能这样，我也就放
心了。"

韩亿宴客杖子

以忠正廉直教子者虽为人之常情，但是能够真正做到言传身教、一丝不苟者，也并非人人皆能，有时这种言传身教的所为似乎又往往在常情之外。北宋韩亿就是这样一位常情之外的人，他宴客索杖之事，足以为后世言传身教之范例。

韩亿，字宗魏，祖籍真定灵寿，事宋真宗、仁宗两朝，官至参知政事。为人忠正强干，深为范仲淹等人所重。他不仅施政有力、品行正直，而且性格端方稳重、治家严整，即使赋闲在家，也从不懈怠。遇到孤苦贫困的亲友，常给他们婚嫁和丧葬的资助。他教子以忠直廉勤为本，约束诸子极严。

韩亿担任亳州（今安徽亳州）知州时，二儿子韩综在河南府任职，从西京（今河南洛阳）前来看望他，报告侄子韩宗彦中进士甲科。韩亿非常高兴，摆设酒宴，请来亲友僚属祝贺。酒过三巡，主客畅叙正酣，韩亿在席间突然问韩综说："西京治狱有些什么疑难案例？"韩综支支吾吾地没有直接回答，韩亿又问了　次，仍然未得到答案。韩亿大怒，推案而起，找来一根木棍对着韩综高高举起，众人都惊得目瞪口呆。韩亿大骂说："汝食朝廷厚禄,倅贰一府事,事无巨细,皆当究心,大辟奏案,尚不能记,则细番不举可知。吾在千里之外,无所干预,犹能知之,尔叨冒廪禄,何颜报国。"一边骂,一边用木棍击打韩综。众位僚属极力劝解,他的怒气才稍减,众子虽在外居官,可在父亲面前,"皆股栗"。可见其家法之严。

韩亿共有八个儿子,在他的严格教育下,有两个儿子官至宰相,其余的也都身居高位。

戚景通对戚继光的教诲

我国明代抗倭名将戚继光，是一位伟大的民族英雄。为保卫祖国，抗击外来侵略，他南征北战，建立了不朽的功勋，被历代爱国志士尊为楷模。戚继光的成才，与他的父亲对他从小施行严格的家教是分不开的。

戚继光的父亲名叫戚景通，是一位武艺精湛、治军严明的著名将领，他在 56 岁那年才生下戚继光，老来得子，自然十分高兴，对儿子的疼爱也自然格外深，格外厚。但是，戚景通并没有因爱废教，而是爱得越切，教得越严。

孩子很小的时候，戚景通就注意引导他树立宏伟志向。有一次，他问小继光："你有什么志向？"小继光回答说："志在读书。"父亲因势利导，教育孩子说："读书的目的是要提高道德观念，长大了忠于国家，孝敬父母，克己奉公，讲求气节。如果不明白这些道理，书读得再多也是没有什么用处的。"戚景通还命人把自己对儿子的要求写在墙壁上，让儿子时时都能看到，以坚定孩子的志向，增加孩子上进的动力。

戚景通还十分注意培养孩子俭朴务实，不追求奢华虚荣的美德。他年迈告老还乡，不得不对年久失修的旧屋略事修缮，工匠们觉得过于简陋、寒碜的住宅与戚家地位名分太不相称，但又深知戚景通是不计较这些的，不好向他进言。于是，暗地里对小继光说："戚家是将门之家，住宅过于简陋，有失戚家身份，你向老爷说说去，把住宅修得略为讲究点。"小继光照此向父亲说了，被父亲严肃地教育了一通："你若讲虚荣、讲排场，那么我传给你的这点家业也保不住，更不要说创业了。"还有一次，外祖父家为小继光制作了一双十分考究的锦丝鞋子，他高高兴兴地把这双丝鞋穿在脚上，得意地在院子内走来走去。戚景通发现后，抓住机会，及时对孩子进行教育。他把孩子叫到跟前说："小小年纪，就喜欢穿这样讲究的好鞋子，长大了就会提出更高的生活要求，追求穿好、吃好、住好、用好。一时有个一官半职，奢华的欲望将会更加膨胀，俸禄满足不了需要，就会贪污受贿……这样不就把自己彻底毁了吗？"他越说越激动，最后让小继光将丝鞋脱下，亲手用剪刀把它剪碎，并说："你要记住这双剪碎的丝鞋，永远力戒奢侈！"

71岁时，戚景通身患重病，仍然不忘教诲儿子，他指着晚年撰写的有关加强国家边防方策的著作说："继光呀，有人说我没有给你留下什么财富。的确，物质上的财富我是没有留下，但是我却给你留下了这些军事方策，对于保卫祖国来说，它是比金银更为贵重的东西。"按照当时朝廷的规定，戚继光可以袭职，戚景通临终前反复告诫儿子，做了官后要不畏劳苦，不贪私利，忠于国家，献身边防。

儿子没有辜负父亲的期望，戚继光19岁袭职做官，廉洁奉公，态度诚恳；在抗击外来侵略者的战斗中有勇有谋，屡建战功，被提拔为参将、总兵，直至镇北大帅。他所训练和统率的戚家军，纪律严明，战斗力强，所向披靡，使敌人闻风丧胆。

刘尚书规诫门生

明朝时，江西安仁人刘麟流落江东，后来在长兴定居。刘麟早年以讲学为业，在文坛上颇负盛名，当时与顾璘、徐祯卿并称江东三才子。考中进士以后累任工部尚书。史书中说他为官清廉，加上生性淡泊，家中没有多余的财产。他喜欢在阁楼上居住，因无力建楼，便将一个大吊篮悬挂在房梁上，自己躺在里面，戏称之为"神楼"。画家文徵明还为此作了一幅画送给他。明代郑瑄辑录的《昨非庵日纂》记载了刘麟教育门生的故事。

当时有位直指使（官职的名称），对饮食颇为讲究。手下的人一旦不能满足他的要求，饭菜稍有不合口味的地方，必定要遭到他的责罚。郡县官员为了宴请他，常常提心吊胆，唯恐一不小心引起不愉快。

这时的刘麟已经告老还乡，正巧那位直指使就在刘麟的家乡任职。刘麟听到郡县官员向他诉苦，就说："这事好办，此人正是我的门生，我有责任开导他。"

等到直指使前来拜见老师的时候，刘麟热情地接待他，并说："你我难得一见，今天你能来看我，我很高兴。本来应该设宴款待你，又怕误了你的公事，就留下来吃顿便饭吧。只是老妻不在家，没有人手整治酒菜，家常便饭，能吃得下吗？"因为师命难违，直指使不敢推辞，只得点头应允。

谁知从早晨到下午，饭菜一直没有做好，直指使渐渐感到腹中空空，饥饿难忍。后来，饭菜终于端上来了，却是脱壳粗米饭、一盆豆腐，仅此而已。若在平时，像这样粗淡的饭菜直指使是绝对不会入口的，可是此时他已经饥饿难耐，哪还有心思挑拣。他一口气吃下三碗粗米饭、三碗豆腐，最后感到肚子实在撑不下了，这才放下碗筷。他笑着对老师说："没想到这粗饭、豆腐还有这么好的味道，我从未吃得这么饱过。"刘麟告诉他："这只是暂时打点一下，过一会儿还要正式开宴呢。"

不一会儿，筵席摆开，美酒佳肴，芳香扑鼻，山珍海味，堆满桌案。直指使对这些东西毫无兴趣，刘麟一再殷勤地劝他喝酒吃菜，他只好苦着脸说："已经吃得太饱了，实在不能再吃了。"

刘麟微笑着，意味深长地说："看来，饮食并没有精粗之分，只是给饥饿的人做吃的，相对来说容易些，因为饥饿的时候，吃什么都觉得香甜。但若给饱食的人做吃的，可就难了，因为饱着的时候吃什么都没味道。难道你饥饿时吃的东西就是美味，饱食之后难以下咽的东西真的就那么差吗？粗饭不会变成佳肴，美味也不会突然变得难以下咽，是你的食欲随着饥饱变化了啊！"

直指使听到这里，才明白老师是在教诲自己，从此以后，再也不敢因为饭菜味道的优劣去责怪别人了。

入学涉世第一师

顾炎武是明末清初一位高风亮节的爱国志士，也是开清朝一代学风、学识渊博的著名学者。

顾炎武出生之后便被过继给叔祖顾绍芾的守寡儿媳王氏为子。顾绍芾很有才能，诗文写得很好，又擅长书法。他品性端直，不和庸俗的官吏文人交往，一生也没有出仕为官。顾绍芾的独子17岁早夭，儿媳王氏终生守寡。顾炎武在王氏的抚育下，受到了良好的家庭教育。

王氏性格刚强，心灵手巧，十分勤劳，又有很高的文化教养。她十分注重对顾炎武的教育。在顾炎武四五岁的时候，就开始教他读书写字。后来，顾炎武进了家塾，散学之后，王氏常常停下手中的活计，认真地考问他一天学到的功课。她期望自己的儿子能成为一个学识渊博、品格高尚的有用之材，因此，她常给孩子讲历史上和本朝的一些杰出人物的故事。

顾炎武13岁时考入本县官学，18岁那年，在科考中得了一等，他兴致勃勃地赶回家去向祖父汇报。

祖父正伏在桌上抄录通报国家政治新闻的"邸报"。顾炎武恭恭敬敬地叫了声"爷爷"，他才抬起头来。

"爷爷，这次学里考试，我是一等，受了褒奖。这是我的文稿，请您老人家过目。"顾炎武说着，将文稿双手递给祖父。

老人淡淡地应了一声，接过文稿，看也没看，便放在书案上了。这使顾炎武很有些失望。

老人发现孙子神色的变化，笑了一笑，让他坐下，语重心长地说：

"孩子，我不是常对你说吗，读书人要学些切实有用的学问，天文、地理、军事、农政、水利、建筑以及历代兴亡的道理，都须认真研究。更要讲究文行出处，培养正直高尚的品德，只有这样，才能成为国家的有用之材。至于个人的功名利禄，是不应看得太重的！"

顾炎武认真地听完祖父的话，连声答应："是！是！"

"况且现在，国家已是多事之秋！内忧外患，日益严重，可朝廷中依然是朋党相争。做官的贪赃枉法，将领们拥兵自重；读书人仍在清谈那些无用的'性理'之学。照这样下去，国家哪能不亡？"

说到此处，老人泪流满面。顾炎武的心也被深深地打动了。清军入侵中原，顾炎武牢记长辈的教诲，坚持抗清复明斗争。

一次，死里逃生的顾炎武赶回昆山看望母亲。他一迈进家门，人们就告诉他，老人在昆山陷落以后便愤而绝食，如今已经十几天了。

听到人们的述说，顾炎武的泪水涌了出来，他快步走进母亲的卧房，双膝跪在母亲床前，哭喊道："母亲，母亲，孩儿回来了！孩儿回来了！"

老人已是奄奄一息。顾炎武的喊声把她从昏迷中唤醒。她睁开双目，伸出手来，顾炎武忙用双手捧住，轻声说："娘，您老人家不能这样……"

一阵扎心的疼痛，使他说不下去了。

老人脸色十分平静，她用微弱但十分坚定的声音说：

"炎武，你不必为我难过。我年纪大了，不能为国家民族做什么事情了。这国破家亡的惨景，我也不愿再看下去了。只有以死殉国，也算是留一点正气在人间！"

老人吃力地说完这些话，轻轻地咳嗽了两声，闭上了眼睛，那气息越发微弱了。

突然，老人又睁开眼睛，盯住儿子的脸，断断续续地说：

"炎武，你，你是个血性男儿，要，要保住——气节，不能降顺——清人！"

顾炎武用力地点着头，止不住的泪水掉在母亲的脸上，他随即用手给老人拭去，大声说："您老人家放心，儿子不会做对不起列祖列宗的事情！"

老人听见了，脸上浮现出一丝欣慰的笑意，随后，又从胸中发出一声深沉的叹息。

绝食第 14 天，老人的生命结束了！

忧国忧民的祖父，以身殉国的寡母，使顾炎武刻骨铭心。这对顾炎武后来的成长起了极大的作用。

二、孝道长存：
中国家风中的温暖亲情

"百善孝为先"，"孝"是中华民族的传统美德，具体指儿女的行为不应该违背父母、长辈以及先人的心意，是一种稳定伦常关系的表现。自古以来，中华民族都是极为重视孝的。

郑庄公凿隧见母

春秋时期郑国郑武公去世,他的长子寤生继位,就是郑庄公。

郑庄公虽然是郑武公的长子,但因为在出生的时候是难产,差点要了他母亲武姜的命,所以,武姜不喜欢寤生,一心想废了寤生,立共叔段为太子,因郑武公反对而作罢。

郑庄公即位之后,武姜又逼迫着郑庄公将京城(今河南新郑附近)封给共叔段,郑庄公虽然十分不愿意,可也没有办法,只好从命。而共叔段到了京城之后,便大力发展自己的势力,把京城的规模建得比郑国国都还大,这在国民中引起了议论。

大臣祭仲进言郑庄公说:"共叔段使京城的规模大于国都的规模,这将会引起国家动乱。"

郑庄公表现得十分无可奈何,说道:"您认为我愿意这样做吗?可是,武姜要这么做,我又有什么办法呢?"

郑庄公知道弟弟共叔段是不会甘心于只占有京城一带的,也知道母亲早就想让弟弟当国君,可毕竟现在母亲和弟弟还没有付诸实施,自己作为儿子和哥哥还能说什么呢?只有做到心中有数,并做好迎击的准备，时刻密切注意京城方面的动静，加强防备，以防不测。

共叔段在京城进行了长期的准备之后，觉得已经有力量和哥哥抗衡了，于是便举兵袭击郑国国都。武姜在国都内做内应，把所能得到的情报想方设法地送到共叔段的手里，希望共叔段能够打败郑庄公，取得胜利。

可是，这么多年，弟弟和母亲的一举一动都在郑庄公的监视之中。这里共叔段刚刚起兵，那里郑庄公已经准备好了迎击。结果，没过多久，共叔段的军队便被击败，共叔段自己勉强逃出保了一条性命。

郑庄公又带领军队乘胜追击，率兵包围了京城。

共叔段看到确实抵抗不了哥哥的进攻，只好放弃京城，只身逃到了鄢，又从鄢逃到了共国，才算保住了一条命。

郑庄公大胜而归，遂即将自己的母亲武姜逐出国都，安置在城颍，并当着众人的面发誓说："自今以后，不到黄泉，绝不再见面。"

可是，郑庄公虽然是因为母亲做了对不起自己的事情，才决定和她断绝关系的，但她毕竟是自己的母亲啊。随着时间的推移，郑庄公开始后悔自己当时的做法有些过火了。但是，后悔也晚了。因为作为君王要讲信誉，当众说出的话，又怎好收回呢？郑庄公为此事特别伤脑筋。

这天，颍谷的颍考叔来见郑庄公，说是有一点礼物要送给庄公。

郑庄公设宴招待了他。吃饭的时候，颍考叔把好吃的都留下不吃。郑庄公感到很奇怪，便问他是怎么回事，是不是菜做得不合口味。

颍考叔连忙解释说:"不是菜做得不好吃,而是太好吃了。臣下这是舍不得自己一个人都吃完了。想带回去给老母亲尝尝鲜,希望大王恩准。"

郑庄公一听,不觉眼圈有点红了,连忙下令再上一份菜,以备颍考叔带回去给母亲吃。

郑庄公看着颍考叔把菜收拾好,叹了口气说:"你有老母亲可以孝敬,真是福气呀。可惜我虽然有母亲,恐怕今生今世再也不能见面了。我是真想她老人家啊。"

颍考叔接上话说:"大王想见母亲呀,这还不好办吗?"

郑庄公说:"好办?当初我说过,不到黄泉,不再见面。我怎么可以失言呢?"

颍考叔乘机说道:"国君不必忧虑,如果掘地见水,就算是到了黄泉,在地道里和母亲相见,岂不是个好主意,有谁能说不对呢!"郑庄公听罢大喜,马上点头答应了。

母子相见那天,郑庄公沐浴换衣,兴致勃勃。当他进入地道时,赋了一首诗:"大隧之中,其乐也融融。"意谓在地道里能见到母亲,自己的心情和洽又快活。母子终于相见了。当母亲携着儿子庄公走出地道时,也高兴地赋了一首诗:"大隧之外,其乐也泄泄。"亦是说在地道的外面,我是多么快乐和舒畅啊!从此,母子之间的疙瘩解开了,过上了和谐幸福的生活。各国的人民听说这件事后,都夸郑庄公是一位孝顺母亲的好儿子。

江革孝母

江革，临淄（今山东淄博）人。江革是当地有名的孝子，他幼年丧父，和母亲相依为命。那时，天下大乱，盗贼蜂起，社会动荡不安，江革带上老母亲到处逃难。一路上，凡是能够充饥的东西，像野菜、树叶，甚至树皮草根，他都设法去采集，采来了先让母亲吃饱。有时自己甚至几天吃不到一点东西，常常饿得几乎要昏过去。只要能找到水，他就喝得饱饱的，又继续带着母亲逃难。

一次，他们遇上了一伙盗贼，盗贼们让江革跟他们一起去当强盗。眼看逃不掉了，江革十分悲伤地向这些盗贼哭诉着说："求求你们放过我吧，老母就只有我这一个儿子，我们母子相依为命。我如果走了，那么我的老母怎么办呢？"他说着说着就又大哭了起来。盗贼看到他们母子也确实可怜，就将他们放走了。

后来，江革带着母亲逃到下邳，他靠给人家打工来养活母亲。他对母亲更加孝顺，有时母亲要到别的地方去看病，他怕牛拉的车子颠簸，就自己驾辕拉车，方圆几十里都知道江革的孝行。所以，他被乡亲们称为"江巨孝"。太守多次厚礼征召他任职，他都因为放心不下老母亲而拒绝了。母亲去世以后，他哭得死去活来。由于过分伤心而吐血，身体十分衰弱。他在母亲的坟墓旁搭了一间茅草房，守孝整整三年，三年孝满，他还是不忍离开母亲的坟墓。郡守再次派人去征召他，不得已他才恋恋不舍地离开母亲的坟墓，来到官府担任郡吏。

黄香温席扇枕

黄香生于东汉时期，字文疆，江夏安陆（今湖北云梦）人。他刻苦自励，博学经典，善诗能文。初为郎中，屡迁至尚书令，是一位清廉自守、众口称誉的大臣。《后汉纪》和《东观汉记》均有传。

黄香的父亲，本是个贫穷的读书人，虽然后来被举为孝廉，做过小吏，但在黄香还年幼的时候，却是家徒四壁，食无隔宿之粮。黄香9岁时，母亲去世了。他日夜悲哭，水米不进，以至在给母亲送葬的时候，双脚疲软无力行走，只好爬着去送终。乡亲们见他如此孝心，都感动得暗自落泪。从此，他与父亲相依为命，过着十分贫困的日子。

黄香是一位心地纯善的孝子。他不辜负父亲厚望，帮助料理家务，抢着下地耕耘收割。在劳动之余，他从不浪费每一寸光阴，苦读诗书。于是，人们称赞他说："天下无双，江夏黄童。"他年龄虽然还小，但懂得要尽心孝敬父亲。在严寒的冬天，家中棉被短缺，他便先躺到床上，用自己身体的热量去温暖床席，最后才让父亲在温暖的床上睡觉。待到夏天时，暑热难当，他就用扇子把床和枕头都扇凉，使劳苦一天的父亲得以舒服地休息。

在他12岁那年，他的孝行被传到江夏太守刘护那里。刘护特意召见他，在他的名字上面加署了"门下孝子"四个大字，以资奖励。于是，乡邻们奔走相告，都说黄香必定大有出息。果然，黄香后来成为学问品行兼优的朝廷大臣。

"温席扇枕"，从表面上看不过是生活小事，但它体现了虔诚的奉孝精神。对后人也产生了深远的影响。

在后人诗文中，每多用"温席""扇枕""江夏枕""黄香扇"等词去形容事亲至孝。如岑参《奉送李宾客荆南迎亲》诗："手把黄香扇，身披莱子衣。"孟浩然《送洗然弟进士举》诗："昏定须温席，寒多未绶衣。"又如苏轼《轼始于文登海上得白石数升如芡实可作枕闻梅》诗："愿子聚为江夏枕，不劳麾扇自宁亲。"再如黄庭坚《次韵答和甫庐泉水三首》："事亲温席扇枕凉。"于是，"温席扇枕"成为常用的典故了。

王祥卧冰求鲤

中国是个有着尊敬老人传统的国家，又是一个礼仪之邦，在民间广泛流传的孝子故事，便是这两者结合的产物。在诸多孝子故事中，王祥卧冰是影响颇大、流传较广的一个故事，被选入二十四孝，成为孝顺长辈的典范。

王祥（公元184—268年），字休征，琅邪临沂（今属山东）人。在他幼年时，母亲薛氏去世，父亲王融又娶朱氏，朱氏遂成为王祥的后母。继母朱氏待王祥很不好，常在王融面前说他的坏话，又总让他去打扫牛棚，清除牛棚杂物。王祥不但没有怨言，反而对继母更加恭敬。继母有病时，他昼夜守护，汤药煎好后，都是自己亲自尝过再给继母喝。继母在冬天想吃活鱼，王祥就砸冰捉鱼（一说卧在冰上使冰融化，这即是"卧冰求鲤"这一典故的由来）来满足继母的要求。

继母的儿子王览与王祥关系很好。每次见到王祥挨打，他都哭着阻拦母亲朱氏。朱氏如果让王祥去干累活、脏活，他就和哥哥一起去。二人长大后，都娶了妻子。朱氏又虐待王祥的妻子，而王览的妻子又主动与王祥的妻子同甘共苦。

　　王祥孝敬父母，又与兄弟友爱，得到乡邻的称赞。继母朱氏对此十分愤恨，想用毒酒毒死王祥。王览知道此事后，抢过毒酒要自己喝，王祥不肯给他，兄弟二人争夺不已，朱氏只好作罢。此后，每次朱氏让王祥吃东西，王览都抢先尝过，再让哥哥吃。朱氏怕误毒死王览，只好打消了这个念头，并叹道："孝心感天，老身有你这样的儿子，是三生之福啊！"此后，朱氏待王祥如亲子。

陆绩怀橘报亲恩

汉末天下大乱，东汉王朝名存实亡，军阀豪强纷纷割据称雄，诸如刘表据荆州，刘焉据益州，曹操据兖、豫二州，袁绍据冀、青、幽、并四州，公孙度据辽东，韩遂、马腾据凉州，以及孙策据江东和袁术独占淮南，等等。如何重新一统中国，仁者见仁，智者见智。当时江东有个少年，也曾为此发表宏论。这位少年，便是以孝义知名的陆绩。

陆绩（公元188—219年），字公纪，吴郡吴县（今江苏苏州）人，汉末庐江太守陆康之子。以孝廉、茂才出仕，后拜庐江太守。陆绩6岁时，曾随父亲去九江郡（今安徽寿县）。当时，袁术已在寿春（即寿县）称帝，号仲家。他为了拉拢人才，大会宾客，宴请邻近的州官郡守。陆绩随父亲出席宴会。宴会上摆着许多橘子，陆绩一边吃着，一边偷偷地把三个橘子揣入怀中。等到陆康父子准备离开时，小小年纪的陆绩也走过去向袁术告辞。可是，当他跪拜时，不小心把橘子掉在地上。袁术看见后，忍不住笑问道："陆郎来我这里做客，怎么还把橘子带走呢？"陆绩回答说："我只是想带回去给母亲吃。母亲身体不好，我心里很惦念她。"袁术和宾客们听后，都暗暗称奇。从此，"陆绩怀橘"的佳话便传扬开了。

花木兰替父从军

花木兰，中国古代巾帼英雄，忠孝节义，因代父从军抗击入侵民族而流传千古，唐代皇帝追封其为"孝烈将军"。

花木兰是南北朝时期亳郡谯县的一位农家姑娘，她上有年老的父母，下有两个幼小的弟妹，一家五口勤勤恳恳，过着简单朴实的生活。花木兰没有上过学，跟着父亲学习写字、读书，平日在家织布、煮饭、洗衣、种菜，样样都做得又快又好。邻居们都竖起大拇指，夸赞她是一个能干的姑娘。花木兰还喜欢骑马射箭，练得一身好武艺。

有一天，花木兰正在家里织布，突然，朝廷里的差役送来征兵的通知，要征花木兰的父亲去当兵。父亲年纪大了，身体又不好，怎么能去从军打仗？花木兰没有哥哥，弟弟又太小，而朝廷的命令又不能违抗。怎么办呢？花木兰愁得连布也没有心思织，饭也吃不下了。她想，要是有个人能代替父亲去当兵，那该有多好！谁能代替父亲呢？看来只有自己了。可是当时女子是不能参军的。她想来想去，终于想出了一个主意：女扮男装。

花木兰把自己的想法告诉了父母。父母虽然担心女儿受不了行军作战的艰苦，舍不得她走，可又没有别的办法，只好同意了。

花木兰刚入伍，队伍就火速向边境开去。晚上部队宿营在黄河岸边，夜深人静之时，花木兰听到黄河里的流水哗哗作响，听到塞外战马的嘶鸣声，她却再也听不到父母呼唤女儿的声音了，十分想念远方的亲人。

行军打仗非常艰苦姑且不说，花木兰害怕自己女扮男装的秘密被人发现，她处处小心谨慎。白天行军，她紧紧跟上，从不掉队。夜晚宿营，她和衣而睡，从不敢脱衣服。

打仗的时候，花木兰非常勇敢，总是冲在最前面。花木兰从军期间，参加过多次战斗，立下了不少战功。长官和士兵都赞扬她是个有志气的好男儿。

战争终于结束了，队伍胜利归来。皇帝召见有功的将士，分别给予嘉奖：有的升了官，有的得到了珍宝财物。皇帝问花木兰要什么，花木兰说，她只想要一匹快马，好让她尽快回到家乡。皇帝满足了花木兰的要求，并且指派她的同伴护送她回家。

花木兰胜利归来的消息传到了她的家乡。她的父亲听说了，十分高兴，赶忙到村外去迎接。妹妹听说了，赶忙收拾好房子，烧好开水沏好茶。弟弟听说了，赶紧磨刀，杀猪宰羊，准备慰劳为国立功的姐姐。

花木兰回到自己房里，脱下战袍，换上少女的服装，梳好头发，细细地梳妆打扮，然后出来向护送她的同伴道谢。同伴们见花木兰一身女装，吃惊得目瞪口呆：没想到以前冲锋在前、作战勇敢的"好男儿"，竟然变成了一位亭亭玉立的姑娘。

花木兰女扮男装代父从军的英雄事迹，在当时就传开了。

荀灌娘救父

晋朝，襄阳太守荀崧刚到宛城接任不久，就遭到杜曾军队的包围。

宛城虽是一个大城，因遭到战争破坏，城墙倾圮，居民稀少，粮食缺乏，兵力不足 5000 人。杜曾围城的军队则有两万之众，而且杜曾从小练就一身武艺，臂力惊人，一只手能举起两三百斤的石磨，凌厉凶狠，总是冲在阵前，哪里会把宛城一个孤城放在眼里！

荀崧虽是文职出身，倒也临危不惧，率领士兵打退了杜曾一次次的进攻。然而毕竟寡不敌众，时间一长，宛城终难逃一劫。

襄阳太守石览原是荀崧的下属，军势颇壮，荀崧就修书一封，派人去向石览求援，可是宛城被围得水泄不通，派谁冲出城去呢？将领们没有一个人请命，这可把荀崧急坏了。

正在这时，从后堂传来一声稚嫩的声音，跑出来一个梳着辫子的小姑娘，向荀崧请命："爹爹，女儿愿杀出重围去讨救兵。"

小姑娘时年 13 岁，名叫荀灌娘，是荀崧的掌上明珠。荀崧看了看她天真的模样，不由得苦笑了一下，说："女孩儿家，说话不知轻重，这里不是开玩笑的地方，快回家陪你娘去吧！”

荀灌娘一脸严肃，回答说："女儿绝不是玩笑之言，想我从 6 岁开始跟少林惠明长老学得一身武艺，现在已逾七载，空有武功，恨无报国之门。我知道突围求援，实在危险，但突围也绝非无计可施，倘若能够成功，则城池可保，百姓得以安宁；倘若不成功，也只一死罢了，与其城破而死，不如与敌人一拼，我倒很有信心。"

荀灌娘这一番话可谓大义凛然，但那些萎靡不振的将军们听了，认为荀灌娘是小孩说大话，突围求援实无可能。然而，荀灌娘的父亲荀崧却很了解女儿，知道女儿的性格颇为坚决，说一不二，难以阻挡。况且女儿所说也是实话，因处于乱世，荀崧自己早将生死置之度外，只是担心妻女安危。有一次遇到少林长老惠明，不免谈及此事。惠明就将荀灌娘破格收在门下，教授武艺以作防身之用。荀灌娘胸怀大志，艰苦学艺，终于学成一身本领，现在荀崧见女儿请缨突围，内心很是不舍，但别无他法，只好答应了。

荀灌娘挑选了几十名战士，对他们说："我虽是弱女子，但发誓为国家和百姓捐躯，诸君都是血性男儿，想必亦不愿苟且偷生，立功报国在此一遭！"

众士卒齐声回答："愿与女公子同生死！"

当夜，荀灌娘身穿铁甲，足蹬蛮靴，佩三尺青虹，握两把弯刀，向父亲告别。荀崧见女儿一身英武之气，俨然是一位女侠，然而荀灌娘毕竟年少，英气总是遮不住稚气。但事已如此，他不忍多看，只说了声："我儿要当心！"就将头别了过去。

荀灌娘到了襄阳，石览接到求援信，立即亲率1万人马驰援宛城。杜曾见大队人马来解宛城之围，难以取胜，就此撤围而去。

一个13岁的女孩最终拯救了宛城全城百姓，荀灌娘的名字顿时家喻户晓。

吉翂代父请命

吉翂，字彦霄，南朝梁代冯翊莲勺（今陕西大荔）人，祖父辈时迁居襄阳（今湖北襄樊）。吉翂幼时十分孝顺父母。他在 11 岁时，生母病故，吉翂哀痛至极，连续数日不吃不喝，以致骨瘦如柴，邻里们纷纷跑来安慰他。

吉翂父亲出任为吴兴郡的原乡令。由于为人正直，上不奉承州官郡守，下不交结地主豪强，因而遭到贪官污吏的怨恨，不但官职遭到罢免，还被锁送京城建康（今江苏南京），打入大牢。吉翂当时只有 15 岁，他哭喊着赶到京城，见到过路的官员们便跪倒在地，请求他们主持正义，替父申冤。百姓们见此情景，都被他的孝行感动得流下泪来。他父亲呢？虽然清白无辜，遭人暗算，但自知昭雪无望。于是，他被屈打成招，定了杀头之罪。吉翂得知后，捶胸顿足，不顾一切冲入朝堂，擂起登闻鼓，表示愿意代父请命，万死不辞。

吉翂擂登闻鼓的事，传到梁武帝萧衍耳中，萧衍对廷尉卿蔡法度说："吉翂请死赎父，行为义诚可嘉，只是他年纪轻轻，便如此大胆，背后肯定有人教唆，混淆黑白，你要严加审讯，务必要查出教唆犯来。"于是，蔡法度回到衙门，把各种各样的刑具都摆在大厅里，厉声呵斥道："你请求替父抵命，皇上已经恩准，只是刀斧无情，不知道你真的愿意吗？你还是个孩子，倘若是背后有人指使，只要说出那人姓名，就允许你悔改回家去。"吉翂回答道："我虽然年幼愚钝，岂不知道死是可畏可怕！但家中还有几个小弟弟，数我行大。我不忍看到父亲含冤而死，所以惊动朝廷，请求替代，这可不是小事情，怎么能受他人教唆呢！再说，皇上既然答应我的请求，那无异于是同意我登入仙境，岂有再后悔的。"

蔡法度见吉翂如此，又和颜悦色地引诱他说："皇上知道你父亲无罪，马上就要释放他。看你眉清目秀，是个聪明孝顺的孩子，只要你改变主意，你们父子可以一同回家去。你年纪轻轻，何必非得要受皮肉之苦和刀斧之灾呢？"吉翂镇静地回答说："蝼蚁尚且贪生，何况是人！但父亲被判处死刑，这是公文上写的。我只有闭上眼睛，伸长脖子，等待受刑，别的我再也不想说了。"于是，他站起身来，走到刑具面前，然后闭着眼睛，只求一死。

狱吏们开始动刑了。吉翂遭到严刑拷打，但他就是不吭声。蔡法度可怜他年龄还小，吩咐狱吏改用小的刑具。吉翂听罢，反而高声说道："我代父请命，已是要死的人，只有加刑快快死去，怎能减刑受折磨呢？"蔡法度不知如何是好，只得如实地面奏梁武帝。梁武帝被他的行为所感动，终于赦免了他的父亲，并派人送他们父子回去。

从此，吉翂的孝行在世间传扬开了。他在 17 岁时，丹阳尹王志起用他为本州主簿，代理万年县县令。在他代理县令期间，百姓们都仰慕他，社会风气越来越好。后来，湘州刺史柳忱、丹阳尹丞臧盾和扬州中正张仄等人联名上疏，举荐他的孝行。吉翂因此成了江淮地区最负声望的人。

赵弘智以孝悌著称

赵弘智，洛州新安（今河南新安）人。曾在隋、唐两朝做官。隋朝大业年间，曾任司隶从事。唐朝武德初年，被任命为詹事府主簿。此后历任太子舍人、黄门侍郎兼弘文馆学士、莱州（今山东烟台市代管）刺史、太子右庶子、光州（今河南潢川）刺史、陈王师、国子祭酒、崇贤馆学士等职。

赵弘智博览群书，有丰富的文史知识，尤其精通《孝经》。永徽初年，他曾奉唐高宗之命在宫中的百福殿讲《孝经》。听讲的有宰相、弘文馆学士以及太学儒生等。赵弘智畅谈《孝经》的微言大义，备述天子、诸侯、卿大夫、士、庶人这五种等级的人所应行的孝道。听讲的学士等不断提出质疑，赵弘智对答如流。唐高宗听得十分高兴。他说："我很喜爱古代典籍，《孝经》更是我常读的书。我深知孝作为一种德行，其作用实在是太大了。"他还吩咐赵弘智说："你应扼要地陈述《孝经》中的重点，以弥补为政的缺失。"赵弘智回答说："以前的天子，只要能有七位谏诤之臣辅佐，纵使没有很好的道德学问，也还可以维持统治。微臣虽然愚昧，但仍愿以此言奉献给陛下。"唐高宗听了十分高兴，赐给他彩绢 200 匹、名马 1 匹。

赵弘智不仅精通儒家关于孝道的理论，善于讲解《孝经》，而且能够身体力行。他早年丧母，对父亲，他十分孝顺，是有名的孝子。他对哥哥也很敬重。父亲死后，他侍奉哥哥赵弘安如同侍奉父亲一样，所得俸禄都送到赵弘安处，由其支配。后来，赵弘安死时，他哀痛万分，形容毁损，超过了礼法中为兄长服丧致哀的规定。哥哥死后，他又尽心尽力地抚养侄子，对其非常慈爱，就像疼爱自己的子女一样。

赵弘智孝敬父亲，敬重兄嫂，抚养孤侄，体现了传统的美德，因而深受人们称颂。

三、夫唱妇随：
幸福生活的稳固基石

　　家庭中夫妻起着承上启下的作用。他们一方面要照顾老人，让老人在幸福、快乐中度过晚年；另一方面还要承担起教育子女的责任，给子女一个良好的成长环境。可以说，夫妻是一个家庭中的榜样，是中国家风中重要的组成部分。

30 载后夫妻相会

百里奚，姜姓，百里氏，名奚，字子明。春秋时曾做虞国大夫，深得秦穆公的信任。一天，他在府中举行酒宴。相府里洗衣裳的女仆人凑过去瞧热闹，远远看去，竟觉得堂上的丞相与自己失散多年的丈夫有几分相似。她离得很远，瞧不准，心里不禁一阵阵地难过起来。

女仆姓杜，30 年前同百里奚结婚，生了个儿子，两口子恩恩爱爱，只是家境贫寒。百里奚胸怀大志，想外出干一番事业，但舍不得妻儿，所以没敢开口。想不到杜氏先开口了，她说："你有一身本领，不趁着年富力强的时候出去干点事，难道等老了再去吗？"在杜氏的鼓励下，百里奚决定出门了。临别的那天，妻子杀了鸡，煮了小米饭为他钱行，让丈夫吃得饱饱的。谁知一走就是 30 年，从此便杳无音讯。

百里奚离开家后，先后到过齐国、宋国，但是没人了解他，更无人发现他的才能，他只能靠讨饭谋生。这期间，百里奚曾回到家乡寻找妻儿，别人告诉百里奚，他的妻子已经外出逃荒很多年了。不得已，百里奚离开家乡，又过着颠沛流离的生活，最后流浪到楚国，沦落至给人放牛的境地。然而，是金子总会发光的，秦国的秦穆公听说他是一个非常有才能的人，便用五张黑羊皮把他赎回来，拜为丞相。

杜氏为了探明丞相是不是自己离散多年的丈夫，便在堂下唱道："百里奚，五羊皮，熬白菜，煮小米，灶下没柴火，劈了门闩炖田鸡。"百里奚听到后，当即愣了，"这就是妻子当年送我出门前的情景呀。"于是，他急忙跑到堂下，一眼认出了自己的妻子，激动地说："我还以为你们母子早已离开人世了呢，原来你还活着，真是不幸中的万幸呀。"

说罢，夫妻二人抱头痛哭。70多岁的老夫妻，终于在离别30多年后相会了。当时的情景，感动了在场的所有人。

三、夫唱妇随：幸福生活的稳固基石

伯宗妻见微知著

伯宗，春秋时期的晋国大夫。他满腹经纶，能言善辩，常常与同僚一起高谈阔论，褒贬朝政。有时，在外面谈兴未尽，回到家里仍议论不休。

伯宗的妻子是一位聪明干练的女子，不仅家务做得好，而且关心国事，她也是伯宗谈论朝政的对象。

一天，伯宗满面春风、扬扬得意地从朝廷回到家里，嘴里还哼着小曲儿。伯宗妻见状忙问："你这么高兴，有什么喜事？升官了？"

"我的官儿已经不小了，还升什么官？"

"那你高兴什么？"

伯宗神气十足地说："我在上朝时发表治国之道，国君听了连连称是，大加赞赏，好多大夫说我的才智就像当年的阳处父大夫一样，有的甚至说比阳处父还好！"

阳处父是春秋五霸之一的晋文公重耳的大臣，深得晋文公赏识。晋文公临终前，曾召见四名大夫为顾命大臣，辅佐世子罐。这四名大夫中，赵衰、先轸、狐射姑均为当年随同重耳逃亡在外，历尽千辛万苦帮他登上国君宝座的元老功臣，唯有阳处父资历浅又无大功。但晋文公对阳处父的才干还是很器重的。晋襄公继位后，封阳处父为太傅，晋襄公病重时，又召阳处父、赵盾等大臣托孤。

阳处父虽然两朝为臣，但却不谙为官之道，过于锋芒毕露，心直口快，因此遭到一些大臣的忌恨。晋襄公六年时，曾任命狐射姑为中军元帅，赵衰的儿子赵盾为副手。狐射姑刚愎自用，大臣们都不服气，但因他是两朝元老，家族势力很大，都敢怒不敢言。当时阳处父向晋襄公直言不讳地指出狐射姑的弱点，认为他不是大将之才，而赵盾贤明又有才干，是合适的人选。晋襄公采纳了阳处父的建议，拜赵盾为中军元帅，让狐射姑做副手。从此，狐射姑对阳处父恨之入骨。晋襄公死后，狐射姑派自己的弟弟刺死了阳处父。

伯宗妻熟知这段历史，一听说大夫们夸伯宗像阳处父，便顿时警觉。她告诫伯宗："阳处父是很有才干，但他是怎么死的，为什么死的呢？别人说你像阳处父，这有什么可高兴的？他们并非是在夸你，你还蒙在鼓里呢！你显示出自己高明，国君又赞赏你，这只能招来其他大夫的忌恨！"

伯宗听罢，不以为然地说："你太疑神疑鬼了，怎么把别人想得那么差劲。你以为我们男人都像你们女人那么小心眼儿，真是妇人之见！"

伯宗妻一看丈夫固执己见，知道再劝也没用，但又不能眼睁睁地看着他被人算计。她略加思索，想出个主意，于是对伯宗说："我刚才是随便说说的，这样吧，你一个人独斟自饮也没什么意思，不如多

三、夫唱妇随：幸福生活的稳固基石

请几位大夫一起痛痛快快地喝一场，如何？"

伯宗一听满心欢喜，很快将几位大夫请到家中。大家席地而坐，有滋有味地喝起酒来。

开始，这几位大夫还满脸堆笑，不住地奉承伯宗。酒过三巡，菜过五味，有人舌头大了，脸上的笑容不见了，说出的话也不那么中听了，酸溜溜的。等到大家喝得东倒西歪，眼珠子发直，一个个便毫无遮拦地说出了真心话。他们纷纷指责伯宗：恃才傲物，目中无人；蛊惑君心，扰乱朝纲，真是可恶至极，有的人甚至骂他不得好死，下场准和阳处父一样！酒宴不欢而散。

第二天，伯宗妻向他讲了昨天晚上喝酒时的情况，伯宗也依稀记起了那几位大夫对他的攻击。伯宗妻说："酒后吐真言，你看到他们的真正面目，听到他们的真心话了吧？你以后说话做事可要小心，否则，你就要大难临头了！"

伯宗听后认为言之有理，但又觉得事情没有妻子说得那么严重。在言行上收敛了一阵子以后，又慢慢地放松了，又肆无忌惮地口无遮拦起来。

对此，伯宗妻深感忧虑，多次好言相劝，但收效甚微。于是她恳求丈夫找一个靠得住的人保护儿子州犁，以防不测。伯宗采纳了妻子的建议，找到了好朋友毕阳。伯宗妻拜托毕阳在其他国家为州犁建立关系。从此，毕阳经常带州犁往来于楚国和晋国之间，结交楚国的贤士大臣，最后拜见了楚共王，受到楚共王的赏识。

当时，晋国被郤氏家族把持，郤锜为上军元帅，郤犨为上军副将，郤至为新军副将。三人飞扬跋扈，独断擅权。众大臣惧怕他们，或曲意逢迎谄媚吹捧，或敬而远之避免冲突。

这种情况，伯宗看在眼里，急在心里，忍了一段时间，终于憋不住了。他向晋厉公说："郤氏家族现在势力很大，在朝中当官的人很多。您应该对他们一一考核，有才干的留用，愚昧平庸的免职，这样还可以抑制一下郤氏家族的权势，免得危害朝廷。"晋厉公把伯宗的话当耳边风，对郤氏依然如故。三郤对伯宗恨之入骨，他们向晋厉公进谗言，说伯宗明为劝厉公提高警惕，实际是嘲讽国君忠奸不分。晋厉公听后大怒，下令杀了伯宗，真应了他妻子的预言。

伯宗被杀后，郤氏欲斩草除根，四处捉拿州犁。州犁听到风声后，很快逃到楚国，被楚共王封为太宰。

伯宗妻能从他人的言谈中判断出他们的真实思想，显示出敏锐的洞察力。她屡次劝诫伯宗注意言行，及时为儿子安排好退路，使得伯宗家免遭灭门之灾，后继有人，其深谋远虑令人钦佩。

三、夫唱妇随：幸福生活的稳固基石

齐姜遣夫

春秋时期，晋献公的儿子重耳因为遭受到父亲宠妃骊姬的陷害，被父亲追杀，只好流亡国外。他在几位亲信谋士的陪伴下，先是逃到了父亲令自己驻守的蒲城。而骊姬还不甘心，必欲除之而后快。重耳无奈，为了逃避追杀，又从蒲城逃到了自己母亲的祖国狄。这时的重耳已经43岁了。到后来，重耳的弟弟夷吾当上了晋国国君。重耳又为了逃避夷吾的追杀，再次外逃，经过卫国，逃到齐国。

到了齐国后，齐国国君齐桓公对重耳十分重视，亲自主持迎接仪式，并将自己的宗室女儿齐姜嫁给重耳为妻。重耳和齐姜的感情十分深厚，小家庭倒也和睦美满。

流亡公子富裕生活过长了，重耳也慢慢地适应了。整日外出打打猎，与朋友们欢聚畅饮，尽情享受生活。看的是自然和谐，听的是林间鸟语，吃的是名餐佳肴，穿的是红衣绿衫。重耳已经是十分满足了，什么返回祖国，什么创立伟业，什么名垂青史，什么国家兴亡，什么责任，什么义务，什么荣誉，在重耳眼里，统统变得不值一文。享乐，成了重耳生活的唯一追求。

当时，跟随重耳流亡齐国的亲信谋臣共有 9 人，其中 5 个人是重耳最看重的。他们是：赵衰、狐偃（重耳的舅舅）、贾佗、先轸、魏武子。他们都是身怀安国定邦奇术的治国贤才。他们跟随重耳流亡在外近 20 年，看到重耳越来越放纵自己，他们着急了。赵衰把大家召集到一起，对他们说："我们当初到齐国来，是想借助齐国的力量来振兴晋国。可是，现在齐国自己尚且自顾不暇，根本顾不上我们的事。况且，公子现在是越来越无所事事了。晋国的安危早已被他忘得一干二净了。我们如果不赶快离开这里，事情只会越来越糟。"

谋士们都表示赞同赵衰的意见，决定去想办法说服重耳。可是，重耳一连十天都只和妻子齐姜待在一起，不要说劝说了，连重耳的面都见不着。

魏武子沉不住气了，禁不住埋怨起重耳来："我们辛辛苦苦跟随公子漂泊异乡一二十年，本想有所建树，没料到公子他竟然整日沉醉在儿女情长之中，没有丝毫上进之心。看来我们的心血是白费了。"

狐偃连忙劝止住他，说道："当心隔墙有耳，咱们找个僻静的地方再谈。"

于是，大家来到一棵枝繁叶茂的大桑树下坐了下来。

赵衰首先开了口，说道："狐偃先生有什么妙计吗？"

狐偃说道："看来，要想带着公子一起离开齐国靠说服是不行了。现在只有采用强制的办法。我们随时都要准备好，只要公子一出来与我们去打猎，我们就在途中强制带他离开。到那时便由不得他了。"

大家都说只好这样办了，并相互吩咐千万不要走漏风声。

谁知人算不如天算。赵衰等人的计策偏偏被齐姜在桑林中采桑的侍女们听到了。得知这群人要劫走主人的丈夫，侍女们大吃一惊，连忙回去告诉了主人齐姜。随后，齐姜将事情的经过告诉了重耳，并对重耳表示，自己赞成他返回晋国创立大业。

齐姜满以为重耳会很高兴地接受自己的建议，谁知重耳却显得毫无兴趣，只是懒洋洋地说："人的一生，不过是图个享受罢了，其他还有什么好追求的呢？何必整日东奔西走地追求那些身外之物呢？我已经决定就在齐国了却这一生了。"

齐姜气愤极了，她责备重耳说："您是一个国家的公子，因为形势对己不利才来到齐国。您的随从谋士们把您当作他们的生命和希望，跟随您流亡在外近20年，忠心耿耿。而您却不想找机会赶快返回祖国，以答谢那些为您四处奔波劳苦的人们，只是一味地贪恋私情，沉醉在儿女情长之中，我都为你感到害羞。到了这个时候您还不设法去谋求事业的成功，要等到什么时候呢？"

可无论齐姜怎么劝诚，重耳就是不想再过那种担惊受怕的生活了。

第二天清早，狐偃便来求见重耳，说是请他去打猎。重耳已经知道他们的意图了，干脆就不见。齐姜见状，只好亲自出马来处理此事了。她把狐偃请到自己的房间里，把自己所知道的和已经做的，统统都告诉了狐偃。

狐偃本来正愁着没办法越过齐姜这一关呢。没料想，齐姜是这样一位深明大义的女子，不由得大喜过望。

齐姜见此，便又说道："目前看来，公子一时半会儿是不会转过这个弯的。我看只有设法将他灌醉，你们趁着夜幕把他抬上马车，立即启程。等他醒过来时，早已驶出了齐国国都很远了。即便他想返回齐国，也是不可能的了。"

狐偃连称妙计，并立即告辞离开，通知其他人，马上准备启程。

当夜，狐偃等人便来到齐姜住所接走了酒酣入睡的重耳。

重耳离开齐国之后，在狐偃等人的帮助下，经过一番努力，终于夺取了晋国的政权，成为晋国历史上有名的国君。重耳也就是晋文公。

三、夫唱妇随：幸福生活的稳固基石

樊姬助楚庄王称霸

樊姬是楚庄王的夫人，以聪明贤惠、识事达理受到朝野称道。

楚庄王初即位时，整日沉湎于酒色、打猎，不理朝政。樊姬多次劝谏，庄王均置之不理。平时，樊姬特别喜食野味，为了劝阻庄王打猎，她竟不再食鸟兽之肉，希望借此打动庄王，让他回心转意。

后来，楚庄王接受大夫申无畏、苏从等人的劝谏，改弦更张，发愤图强，顿感樊姬品行高尚，是难得的贤内助，遂立她为夫人，主持内宫事务。樊姬不负期望，做得井井有条。对此，庄王十分满意。

周定王二年（前605年），楚令尹斗椒反叛被杀。令尹乃是楚国最高官职，一人之下，万人之上，执掌军政大权，若用非其人，则危害甚大。由谁来继任令尹一职？楚庄王思虑再三，难以决定。后来听说在沈地有一个人叫虞邱子，此人才华出众，颇有贤名，遂将之招来，命其暂时执掌朝政。虞邱子入朝后，深受楚庄王宠信，庄王还同他一起商讨军国大事，常常废寝忘食。这让樊姬又喜又忧。

有一天，楚庄王同虞邱子讨论国事，直到半夜才回到宫中。

夫人樊姬见庄王这么晚才回来，又心疼又关心地问："今天在朝中议论什么事，半夜了才回来？"

庄王回答说："我和虞邱子讨论朝政，不知不觉就晚了。"

"虞邱子是什么人？"樊姬故意问道。

"楚国的贤才。"

"以我看虞邱子未必是什么贤才。"

庄王听樊姬说虞邱子不是贤才，有点不高兴，反问道："你怎么知道虞邱子不是贤才呢？"

樊姬解释说："臣子侍奉君主，好比妻子侍奉丈夫。我在内宫主事，凡是宫中有品貌俱佳的女子，都要献给您。现在虞邱子同你议论政事，常常到半夜方止，但我却从来未听说他举荐过一名贤能之士。一个人的智慧是有限的，但楚国贤能人才是无限的。虞邱子想用他一个人的能力，取代楚国无数贤才，又怎么能称得上是贤才呢？"

樊姬的一席话，说得庄王连连点头称是。

第二天一大早，楚庄王就将樊姬的话说给虞邱子。

虞邱子听罢，不得不承认自己能力有限，同意为庄王举荐贤能之士。虞邱子遍访群臣，多方征询意见，听说孙叔敖有将相之才，便向庄王推荐了孙叔敖。

孙叔敖受命入朝，楚庄王同他进行了长时间的交谈，感到其才能在楚国诸臣中，无人能比，随即拜他为令尹。

孙叔敖受命为令尹后，果然不负众望。他整理军队、完善法令、提拔贤才，用虞邱子将中军，公子婴齐将左军，公子侧将右军，养繇基将右广，屈荡将左广，号令严明，三军振奋，士气高昂；同时兴修水利、灌溉良田；民丰国强，百姓称颂。

在孙叔敖的辅佐下，楚国更加强大起来了。不久，楚国就取代晋国成了中原的霸主。

司马相如伉俪偕白首

司马相如（公元前179—前118年），字长卿，蜀郡成都（今属四川）人，西汉著名辞赋家。

汉景帝时，司马相如为武骑常侍。后来他从梁孝王游，与诸侯游士交往密切。梁孝王死后，他回到临邛，"家贫无以自业"。

临邛有很多富人，卓王孙有僮客800人，程郑也有僮客几百人，他们想办个宴会。宴会那天，临邛令到了，到了日中，卓王孙派人去请司马相如，他"谢病不能临"。临邛令亲自去请，司马相如不得已赴宴。

酒酣耳热之际，临邛令走上前去，把琴递给司马相如说："窃闻长卿好之，愿以自娱。"司马相如"为鼓一再行"。这时，卓王孙的女儿文君守寡在家。她十分喜欢音乐，所以司马相如寄心于琴声来表达他对文君的爱慕之情。司马相如"时从车骑，雍容娴雅"，颇为潇洒，文君时有所闻。待他在卓王孙家饮酒弹琴时，文君从门户中窥视，不禁"心说而好之"，却又担心无法结成夫妇。宴会结束，司马相如让侍人重赏文君的侍者，通过侍者表达自己的殷勤之意。文君怕夜长梦多，就连夜逃到司马相如住处，和他一起回到成都。

卓王孙知道后，勃然大怒道："女不材，我不忍杀，一钱不分也！"有人劝卓王孙，卓王孙不听。由于司马相如家徒四壁，文君"久之不乐"，就对他说："弟俱如临邛，从昆弟假贷，犹足以为生，何至自苦如此！"司马相如于是和文君回到临邛，把车骑全部卖掉，买了一间酒舍，由文君当垆卖酒，司马相如则系着围裙，和用人一起在市中洗涤食器。卓王孙为此感到羞耻。昆弟诸公轮番劝说卓王孙："有一男两女，所不足者非财也。今文君既失身于司马长卿，长卿故倦游，虽贫，其人才足依也。且又令客，奈何相辱如此！"卓王孙不得已，分给文君僮仆100人，钱百万及其出嫁时的衣被财物。

卓文君和司马相如重新回到成都，买田宅，过起幸福美满的生活。二人相偕白首，留下一曲千古传颂的佳话。

牛衣对泣

王章，字仲卿，西汉时泰山（今山东泰安东南）人。家中贫寒，好学不倦。妻子理解他的志向，勉励他发愤读书，又陪着他到都城长安去读太学。由于经济拮据，客居异乡，常常过着饥一顿饱一顿的生活。

一天，王章生了重病，连暖和身子的被褥都没有，只好躺在牛衣上面。牛衣，实际上是用乱麻编成的草垫子，本来是给牛马披上以御寒冷的，俗名叫牛蓑衣，美其名为"龙具"。王章身处逆境，情绪十分低落，病情更加沉重，想着想着，禁不住失声痛哭起来。他告诉妻子，自己的病再也好不了了，往日的抱负已无法实现，只有躺在牛衣上等死！妻子的心里也很难过，不由得流出了眼泪，但她马上拭去泪水，转而大声地对王章说："仲卿，朝廷上虽然有那么多的大臣，但论学识、论品德，又有几个人能超得过你呢？你会有出头之日的。"她见丈夫还在抱头痛哭，又责难他说："男子汉大丈夫，有泪不轻弹，生活固然困顿，你又有重病在身，可这又算得了什么呢？你不自磨自励，振作起来，反而自暴自弃，灰心丧志，怎么能这么没有出息呢？"

妻子的话，只是在激励丈夫，要他有信心和决心，有生活下去的勇气。她深信丈夫的学识和才干，并不在朝廷上一些官员之下，囊锥终会出头的。

不久，王章果然以文才显露头角，被任以左曹中郎将。

糟糠之妻不下堂

宋弘（？—公元40年），字仲子，京兆长安（今陕西西安）人，他在光武帝刘秀即位之初，官至太中大夫，后代替王梁为大司空，封枸邑侯。此人胸怀宽广、爱惜人才，桓谭、冯翊、桓梁等30多人都是他向朝廷推举的，这些人品行端正、博学多才，相继成为朝廷的重臣。而宋弘本人也位居高官，俸禄丰厚，但他的生活却十分简朴，将自己所得到的俸禄全部用于接济贫困的亲戚及其他需要帮助的人，而自己则家徒四壁，没有一点积蓄。光武帝刘秀为了表彰他清廉自守的风格，封他为宣平侯。

宋弘与妻子恩爱有加，美中不足的是，妻子没有给他生个儿子。古代有"不孝有三，无后为大"的理念，亲友们纷纷劝他再娶一个妻子，给宋家续上香火，结果被宋弘婉言谢绝了。他认为人不应该忘恩负义，更不应该做对不起妻子的事。

湖阳公主是光武帝的姐姐，当时正在守寡。帮姐姐解决终身大事成了光武帝的一块心病。光武帝问姐姐，是否遇到意中人，湖阳公主说："我听说宋弘的品德很高尚，满朝文武没有一个人能比得上他的。"光武帝马上明白了姐姐的心思，并愿意为姐姐说媒。

一天，上罢朝后，光武帝把宋弘叫住议事，并提前嘱咐姐姐坐在屏风后面以观动静。宋弘行完君臣之礼，坐下来后，光武帝摆出一副若无其事的模样，问道："谚语上讲，升了官就要换朋友；发了财就要换老婆，这是人之常情的事情吗?"哪知宋弘却回答："无论贫贱富贵，不能忘记朋友；哪怕老婆老得像糟糠一样，也不能将老婆休掉，另觅新欢。"光武帝通过试探，明白了宋弘的想法，便借故转身来到屏风后面，小声对姐姐说："宋弘刚才说的你都听见了，姐姐还是另做打算吧。"

糟，原本是酿酒时剩下的渣子；糠，是从麦、稻等谷物上脱下来的壳或皮。糟糠之妻，意思是一起吃糟糠共患难的妻子。糟糠之妻更应该荣辱与共，白头偕老。宋弘身为朝廷大臣，家无积蓄，不抛弃糟糠之妻，他高尚的品德，自不待言了。

梁鸿、孟光举案齐眉

梁鸿，字伯鸾，东汉时扶风平陵（今陕西咸阳）人。梁鸿家中虽然贫寒，却是个讲求气节、不慕富贵的人。他曾受业于太学，博通多览。学习期满以后，他在上林苑（今陕西西安市西）这个供皇帝射猎的宫苑里当了一名猪馆。由于不小心失火，把邻居的房舍烧着了。梁鸿很过意不去，把仅有的几十头猪变卖作为赔偿，但邻居嫌少。梁鸿说："我再也没有什么能抵押的了，就在你家白白干活作为补偿吧。"由于他不偷懒耍滑，早起晚睡，辛勤劳作，周围的父老们都很敬重他，邻居也深受感动，情愿将猪退还给他。他坚持什么也不要，自己只身回到破旧不堪的家。

梁鸿学识渊博、品德高尚，乡里们都愿意把女儿嫁给他，但他年过三十，仍然过着单身生活。同县大户孟家，有一女儿名孟光，仰慕梁鸿的为人，也是择婚不嫁，岁月蹉跎，亦快满 30 岁了。父母问她要找什么样的人，她说："愿意找个品德端正如梁伯鸾那样的人。"梁鸿听说后，决心娶她。于是，孟光要父母私下置办一些粗裙布衫，以及竹筐、纺车之类的家具农具。父亲觉得奇怪，孟光笑而不答。

　　成亲那天，孟光打扮得珠光宝气，在一片锣鼓声中进入梁家。待乡里亲朋们散去以后，梁鸿却毫无笑容，独自上床睡觉。如此整整过了7天，梁鸿仍然不理新过门的妻子。孟光跪在床下说："我早听说过您的品行，好几次都辞退了婚事，妾也曾挑选过好几个，但也是不中意而没有答应。妾已来您家7天，也不知道您是何原因不喜欢我。妾只好在这里给您请罪。"梁鸿说："我要找个身着布衫、脚穿草鞋，能吃苦耐劳的人为伴侣，以便一旦归隐山林时同行。可是，你穿的是绫罗绸缎，脸上又傅粉施朱、黛眉蝉鬓，这种装束打扮，哪里能称我心合我意呢？"孟光心中暗喜，说道："妾早已准备下几套粗布衣服，还有几件种地、纺织的工具了。妾所以如此乔装盛饰，故作妖娆，只是想看一下您的志向罢了。"于是，孟光去掉头上的玉簪金钗，脱下身上的锦衣绣裙，盘起了椎髻，换上了布衫，在厅前熟练地纺起纱来。梁鸿看着，不由得高兴地笑道："你真是我的意中人啊，真是我的好妻子啊！"说罢，梁鸿又特意给妻子取字，叫德曜，连名带字称为德曜孟光，以表示对妻子的尊敬。

　　不久，夫妻双双隐居于霸陵山（今陕西西安西北），以耕织为业。劳作之余，梁鸿咏诵《诗经》《尚书》，孟光弹琴歌唱。生活虽然贫困，日子却过得相当美满。

　　后来，梁鸿因所作之诗触怒章帝，为躲避官府，他连忙改名易姓，带着妻子移居于齐鲁之间，后又辗转至江东的会稽山下，在大户皋伯通家廊下小屋中靠替人舂米为生。当他回到住地草棚时，妻子将放着饭菜的托盘高高举起，跟眉毛一般高，以表示自己的敬爱。梁鸿也是以礼相报，双手据地，然后接过托盘，两人才开始吃饭。此即为"举案齐眉"，形容夫妻之间相互尊敬。

不久，梁鸿、孟光举案齐眉的事被皋伯通暗地里窥见了。皋伯通对人说："那个舂米的杂役能使他妻子如此敬重，绝不是普普通通的人。"于是，皋伯通让梁鸿夫妇住进自己家里，使梁鸿安心从事著述。

梁鸿、孟光相互敬爱不慕名利的事迹，历来被人们传为美谈。

破镜重圆感人间

　　南北朝后期，南朝后主陈叔宝，有个妹妹叫乐昌公主，嫁与太子舍人徐德言为妻。却说乐昌公主，不但长得月貌花容，云鬟柳腰，而且能歌善舞，又擅吟诗作画，堪称当时的绝代佳人。她与徐德言结婚后，夫妻俩恩恩爱爱，形影不离，真是在天愿作比翼鸟，在地愿为连理枝。可是好景不长，这对浓情蜜意的夫妻，不久却被迫劳燕分飞。

　　原来，与南朝相对的北朝最后一个北周政权，这时已被杨坚取代并建立起隋国。杨坚为了消灭陈朝，命令次子杨广（后来的隋炀帝）率领韩擒虎、杨素等八路大军南下。开皇九年正月，隋军飞渡长江天堑，直逼陈都建康（今江苏南京）。顷刻之间，建康被围，城破在即，形势万分危急。徐德言料定陈朝江山难保，夫妻必将离散，便对乐昌公主说："你是皇上的妹妹，才貌双全，国亡后必为隋军俘虏，转入权势之家，咱们恩爱从此告绝。倘若情缘不断，日后能够相会，需要以信物交通消息。"说罢，徐德言挥起利剑，把一面铜镜劈为两半，将一半交给乐昌公主，又说："如果你以后还思念着我，可以在每年正月十五那天，将这半面铜镜托人叫卖于市上，我一定前去相认。"

说罢，徐德言将另一半面铜镜揣入怀中，洒泪告别了妻子，开始过着流亡生活。

不久，都城建康陷落，陈后主被俘，陈朝灭亡。乐昌公主亦为杨素所得，并被带往隋朝都城长安。杨素这时已官至尚书右仆射，对乐昌公主也很宠爱。但是，乐昌公主日夜思念着徐德言，希望在生前还能见到他。每到正月十五那天，她都暗地里嘱咐身边的老仆人，拿着半面铜镜到市上去叫卖。年复一年，杳无音信，乐昌公主只得噙着眼泪，一遍又一遍地唱着伤心的歌，从春到秋，从秋到冬，不知何时才能重逢，重温往日旧梦！

这年正月十五日，乐昌公主又叮咛老仆人去市上卖镜。徐德言这时经过颠沛流离已来到长安。当徐德言在市上重又看见那半面铜镜时，激动得泪流满面。他引老仆人来到僻静处，从自己怀中取出所藏的半面铜镜相互验证，果然合而为一，丝毫不差。于是，徐德言跪请老仆人，将自己的思念之情转告乐昌公主，又在铜镜背面题了一首诗，然后交给老仆人。诗中写道："镜与人俱去，镜归人未归。无复姮娥影，空留明月辉。"

乐昌公主得知徐德言已辗转来到长安，仔细辨认着铜镜题诗，禁不住失声痛哭。她恨不能马上见到他，向他倾诉自己的心迹，但又不敢向杨素提出，怕这位新夫下毒手。而杨素这边，当他得知乐昌公主和徐德言的爱情悲剧后，便叫老仆人去找来徐德言，并要乐昌公主当面写一首诗。乐昌公主百感交集，一挥而就。她写道："今日何迁次，新官对旧官。笑啼俱不敢，方验作人难。"杨素说："你们爱情如此忠贞，真是难得。《论语》中有句话叫'君子成人之美，不成人之恶'，我就让你俩如愿以偿吧。"说罢，他吩咐左右捧出一盘金银，让乐昌公主和徐德言离开长安回到建康去。从此，破镜重圆，乐昌公主和徐德言又过上了恩爱的幸福生活。

侯妻董氏主见多

唐代武则天当政时，有一个叫侯敏的官员，任上林令，侍奉太仆卿来俊臣时非常殷勤、周到。

来俊臣是我国历史上臭名昭著的酷吏。他大兴刑狱，专用酷刑逼供，后人常用的"请君入瓮"一词就是从他发明的一种酷刑而来。朝廷官员对他是敢怒而不敢言。

侯敏的妻子董氏得知丈夫的所作所为，就劝他说："来俊臣是个人人恨得咬牙切齿的国贼，作恶多端。好多人都恨不得生吃他的肉，活剥他的皮。这样的人得意不了多久。总有一天，要遭灭顶之灾，到时候，追随他的人都得跟着遭殃。你为何要和他接近，向他讨好呢？"

"我只不过想保全自己，如果得罪了他，会掉脑袋的！"

"那也不该对他唯命是从，难道你就不怕别人骂你？"

"照你这么说，我应该同他对着干了？"

"这倒不必！你就是有这个心，也没这个力。你避开他，躲他远远的就可以了。"

侯敏觉得妻子说得有理，就逐渐疏远来俊臣。时间一长，来俊臣察觉到了。但又念及侯敏曾为他效过犬马之劳，现在又没有公开反对他，便没治侯敏的罪，只是打发他去涪州（今四川涪陵）当武隆县令。

听说要去外地当个县官，侯敏哭丧着脸回到家里，埋怨妻子害得他不能在朝中为官。

董氏却高兴地说："这是好事情嘛！能彻底摆脱来俊臣，又没被杀头或下大狱，有什么懊丧的？"

侯敏长吁短叹地说："不是我想不开，而是我不愿意离开住了这么多年的京城。要不我去求求来俊臣，让我在京城当个小官。"

"你好不容易和他一刀两断。今后躲还躲不及呢，怎么还想跟他拉扯？你求他，他要是不答应，那你是自取其辱；他要是答应了，此后你就又得与他为伍，我看你还是别找他为好。"

妻子的这番话，打消了侯敏继续在京城做官的念头。可他又实在舍不得京城，就想放弃武隆县令的官职，留下来当一位平民百姓。

董氏又劝他："武隆县虽然偏远，但县令毕竟是七品官职，是一方父母。咱们在这里待了这么多年了，换个地方也未必不是件好事。只要咱们夫妻不分开，到哪里都是家，在哪都能过好日子。别犹豫了，准备赴武隆上任吧！我们有福同享，有难同当！"

受到妻子的感染，侯敏的精神为之一振。同时，他听了董氏的肺腑之言，也深深地被这一片真情所感动。他不禁感叹道："娶妻若此，我复何求？"于是他和妻子打点行装准备上路。董氏提出把家中所有的东西，包括房子都变卖了。可是侯敏却有些犹豫。他想留下房子和一些家具，以后回来看看，也好有个落脚的地方。

董氏说："这次一走，如果没有什么起色，再回来又有什么意思？如果能够发迹，回来入朝为官，还愁没钱盖新房？"

侯敏一听，觉得言之有理，便按妻子的主意办了。他们启程赶路。一路之上，饱览山川秀色，赏尽大江风光，倒也心旷神怡，其乐陶陶。

这一日，他们来到涪州。找一客栈安顿下来之后，侯敏就想马上拜见州将，好早日上任。董氏说："你一路鞍马劳顿，还是歇息两日，养足了精神再说，免得忙中出错。"

侯敏不听，非要马上拜见州将不可。他让店小二找来文房四宝，提笔匆匆写好名帖，递进州府。没想到忙乱中写了个错别字。州将打开一看，大发脾气说："我们涪州虽偏远，比不得京师，但这里的官也不是随便什么人都能当的。像这种连几个字都写不好的草包，有什么本事当县令？先别让他去上任，留在这里好好当学生，什么时候字认全了，再去做县令也不迟！"

这件事对侯敏的打击非常大。他唉声叹气，怨天尤人，整天喝闷酒，心情非常忧郁。就这样过了几天，他实在忍不住了，就想再次拜见州将，说明情况，让他赴任。

董氏说："得不到的东西，有时强求也没有用。再说他不让你去当县令，不一定是坏事。你忘了古人说的塞翁失马，焉知非福？你先安心住下来，熟悉和了解这里的情况，然后再考虑对策。你放心，不会总是这样的。世事多变，谁也不敢说以后会怎样。"

088

侯敏听了妻子的宽慰，心情稍稍好了一点，便在州里住下，每日走东拜西，结识新朋友，体察当地的风土人情，为下一步当官做准备。

他们在州里住了快 50 天，一伙强盗突然包围了武隆县城。州将派兵解围，半路遭伏击，损兵折将，其余的人落荒而逃，随后，武隆县城被攻破。强盗们杀了县令及其全家，并将县令的家洗劫一空，然后呼啸而去。侯敏因未能及时到任而幸免于难。

不久，来俊臣被杀。朝廷清理来俊臣的死党余孽，凡追随来俊臣作恶多端者一律处死，罪孽较轻的党羽被流放到岭南。当时有人提出侯敏曾在来俊臣手下做事，属于他的党羽，理应治罪。因侯敏未曾陷害过他人，又因得罪了来俊臣，被贬到外地，便不再追究。

侯敏两次大难临头，又两次化险为夷，在这里他的审时度势、明辨是非的妻子董氏是功不可没的。董氏更堪称"贤内助"的典范。

刘氏防患于未然

刘氏是唐代著名理财家刘晏的女儿。刘晏历仕三朝，政绩显赫。

刘氏的丈夫潘炎在唐德宗时任翰林学士。唐德宗非常信任潘炎，待他恩惠深厚。朝中大小官员，无不热衷于奉承结交潘炎，趋之若鹜。每天，潘炎家中都高朋满座，有事求他的人接连不断。潘炎虽尽量满足他们的请求，但毕竟时间、精力有限，难以应酬周全，再加上皇帝经常召见，因此，许多人连见他一面都很难。于是朝野中对潘炎种种非议便多了起来。

刘氏听到这些议论后深感忧虑。她劝潘炎说："现在对你不利的议论越来越多，你可要提高警惕啊！"

潘炎笑笑说："你不必把这些放在心上。虽然说我坏话的不少，但称赞我的人也很多，再说，皇上非常信任我，委我以重任，别人又能把我怎么样？"

"是有不少人说你的好话，但他们都是想从你这里得到好处或是准备从你这里得到好处的。如果他们得不到什么实惠，便会对你心生怨恨继而诽谤。你难道没见到这些骂你的人当中有一部分就是曾经夸赞过你的人吗？皇上确实对你很信任，即使听到一点对你不利的话也不会把你怎么样。可是你别忘了'三人成虎'。以后如果皇上听到有关你的坏话多了，他能不怀疑你吗？"

"你说的也许有些道理，不过即使真到了那一步，我还可以辞官不做，归隐山林。我有功于朝廷，这点面子皇上还是会给的！"

"你也太天真了！难道你忘了我父亲的结局吗？我父三朝元老，曾位居宰相，所创业绩也算得上非常显赫了。可是一旦皇上误听谗言，他的那些功劳连自己的一条命都保不下来。你觉得自己的功劳能比我父亲的大吗？依我之见，你不如趁着目前皇上还宠信你，急流勇退，还可保命安家。"

"现在谈退，为时尚早，不过我会处处小心，见机行事的。"潘炎不听刘氏劝告，继续做官。

一天，京兆尹想拜见潘炎，但潘炎事忙，无暇接见。于是京兆尹就用300匹细绢贿赂潘炎府上的看门人，求他疏通引见。

刘氏知道这件事后，对潘炎说："你和京兆尹都是皇上的臣子。可是现在京兆尹要见你一面，居然要先送给你的奴仆300匹细绢。你也太鹤立鸡群了，简直凌驾于百官之上。现在你实际上已成了众矢之的，这有多危险啊！"

潘炎皱了皱眉头说："我并没有放纵奴仆，也没有小看京兆尹，这件事我回头向他解释清楚，再让看门人退回那300匹细绢就是了。"

刘氏又说："你处在什么位置，别人怎么看你，并不取决于你自己的感觉。你没有放纵奴仆，但奴仆们却觉得在你府上当差要高人一等，连朝廷大臣都不放在眼里。一个看门人尚且如此，你的那些亲信幕僚的情况便可想而知了。他们在外面依仗你的权势胡作非为，别人也不会对他们怎么样。可是与此同时，人们把他们的恶行也归咎于你，把他们的账算到你的头上。这样积怨越来越多，越来越深，总有一天，这些怨恨会给你致命一击。情况已到了如此危急关头，你难道还不早谋良策，以防不测吗？"

仕途需谨慎，需时刻反省自身，如若疏忽大意，便会酿成大祸。刘氏深居简出，却能洞察世事，为丈夫出谋划策，以保平安。这一切都说明了刘氏能审时度势，透过现象看本质，防忧患于未然。

四、妇贤淑良：
照亮心灵的慈爱光芒

无论过去还是现在，女性都在家庭中承担着重要的角色，对家风的形成起到至关重要的作用。一位品德高尚的女性，既是丈夫的好妻子，也是孩子的好母亲。这样的女性可能外表柔弱，生性温柔，但有一颗强大的内心，时刻用爱呵护着每一个家庭成员，让家成为家人温馨的港湾。

文母太姒

　　周文王西伯昌的夫人太姒，姒姓，出生于有莘国的显贵之家。她深明大义，仁厚温和，知书达理。太姒不仅生得貌美如花，还心灵手巧，她能纺出又匀又细的线，织出又平又展的布；她以助人为乐，无论哪家有事都愿意相帮；她对老人非常恭顺，老人们纷纷夸奖她心地善良。另外，太姒勤俭节约，从不浪费。

　　人们交口称赞："天上的神仙究竟如何，谁都没看到过，但是太姒却是人间的仙女！"

　　后来，太姒的美名不胫而走，传到了远在西岐的周文王耳中。文王非常爱慕太姒的美德，便派遣使者到有莘国微服私访。

　　使者明察暗访，发现所到之处人人都夸奖太姒，没有一个人说太姒不好。

　　周文王听了使者的汇报，很是开心，于是亲赴渭水去迎娶太姒。渭水无桥，文王便命舟舟相连，建起了一座浮桥，将太姒接到对岸，这反映了他对太姒深厚的感情。

　　人们都觉得文王和太姒是天生一对，认为他们能结为夫妻是老天的安排，称赞他们是"天作之合"。后来，人们在写新婚对联时，常在横批上写下"天作之合"，就是源于此。

太姒嫁给周文王后，仍旧保持贤良淑德、仁厚温和的品性。她特别敬慕祖母太姜和婆婆太任的人品，秉承了他们完美的品德、操守。

她一天到晚都辛勤劳作，恪守妇道。太姒孝敬公婆，体贴丈夫，谦恭有礼，举止得体，还常抽时间去看望父母，宽慰老人。每次回娘家，她都预先请女先生告知文王。总之，太姒用妇礼妇道教育、感化天下，被世人尊敬地称为"文母"，文王主外，文母主内，夫唱妇随。

太姒一共生了10个儿子，长子伯邑考，次子姬发，三子管叔鲜，四子周公旦，五子蔡叔度，六子曹叔振铎，七子成叔武，八子霍叔处，九子康叔封，十子聃季载。

太姒教子有方，是个成功的母亲，她的儿子正直善良，没有做过坏事。儿子成人后，文王又接着教育他们，培养出武王、周公这样的圣主贤臣。

曾有周朝人赋诗称颂太姒的美德：

思齐大任，文王之母。

思媚周姜，京室之妇。

大姒嗣徽音，则百斯男。

大意是说：太任雍容仪态端，文王慈母真圣贤。太姜高贵又美丽，王室宫中美名俱。太姒继承好名声，养育百儿王室兴。

太姒秉承了太姜与太任的贤良，她用妇德来感化教育天下，帮助文王、武王、周公成就了剪商兴周的宏图大业。周朝王后母仪天下，其绝代风范，的确是旷古未有，流芳百世。

姜后劝夫迎"中兴"

周宣王的父亲周厉王由于暴政，导致民不聊生，最终引发国人暴动。在这场暴动中，周厉王仓皇逃亡，最后客死异乡。后来，周公、召公实行"共和行政"的方法，才收拾了残局。

公元前828年，周宣王继承王位，成为西周第十一代君王。周宣王即位以后，并没有吸取父亲亡国的教训，国家的运势持续衰颓。当时内忧外患，周宣王却整天沉湎于声色犬马之中，根本不顾天下百姓的死活。周宣王的妻子姜后对此十分担忧，国王若长此以往，国家的前途命运早晚会毁在他的手里，自己贵为王后，一定要为周朝的江山社稷着想，不能眼睁睁地看着国王这样一天天荒废下去。

一天，周宣王刚在外面寻欢作乐回来，姜后便脱去华丽的服装，拔掉头上金光灿灿的发簪，摘下耳环，去周宣王的房间请求治罪。她刚一进门，就双膝跪地，放声大哭。周宣王见到自己心爱的王后哭得如此伤心，一时间迷惑不解，他急忙走到姜后的面前问明原因。姜后一边哭一边说："大王，你整天不理朝政，游走于声色犬马之中，根本没有想到国家已经危机四伏。作为你的王后，我没有做好自己该做的事情，所以你才会寻欢作乐。我深感罪孽深重，请大王治罪！"

　　说完，姜后继续大哭。周宣王心头一颤，急忙把王后扶起来。他想到自己是一国之君，在处理国家大事方面还不如妻子用心，想到这里，顿时觉得惭愧不已，当即向妻子表示定会改过自新，决不再做那些荒唐的事情了。

　　从此以后，周宣王像换了一个人似的，彻底斩断内心私欲。他起早贪黑处理国家政事，广泛起用贤良，兴兵平定叛乱。在他兢兢业业的治理下，迎来了"宣王中兴"的历史局面。

后母典范孟阳氏

魏安釐王在位期间，有个叫孟阳氏的妇人，在丈夫芒卯死后，抚养着8个儿子，其中5个儿子，是芒卯前妻生的。

孟阳氏是个识大体顾大局的人，她恪守丈夫的遗言，对丈夫前妻所生的5个儿子一视同仁，在衣着饮食诸方面不偏不私，同等对待。但是，前妻的儿子们不仅不喜欢她，还常常冷言冷语地挖苦讥讽她。孟阳氏于是把自己所生的儿子叫到跟前，嘱咐他们要尊重兄弟手足之情，不得歧视没有了母亲的5个哥哥。她甚至命令自己的亲生儿子们，说："从今以后，全家的住房用度和吃喝穿戴，都得先照顾年长的5个哥哥，如果有谁表现不满，与哥哥们平齐看待，我就不承认他是我的儿子。"她的这3个儿子倒也听话，凡事都能谦恭礼让，按照母亲的要求去做。但是，尽管如此，那5个儿子仍然若即若离，不相信后母，不孝敬后母。孟阳氏心中怏怏不安，但还是相信自己的深情厚谊，会打动丈夫前妻所生的孩子们的心。

不久，前妻的第三个儿子犯了王法，判为死罪。孟阳氏得知消息后，十分哀伤，身体一天天消瘦下去。她为了营救这个孩子，起早贪黑地辛苦劳作，节衣缩食，匀出钱来为孩子赎罪。邻里们劝她，说："这个孩子是自作自受，他平日里不听劝告，对你又最不孝敬，你何必为他辛劳哀伤到这个地步呢？"孟阳氏回答道："对亲生儿子有祸去救，对不是亲生的儿子遭祸就不去救，这与一般当后母的人又有什么不同呢！他父亲是怕孩子们孤单，娶我为孩子们的继母，继母如同母亲一样，做人母亲而不爱孩子，这能叫作慈爱吗？只是爱自己的亲生孩子，而不爱非亲生的孩子，这能叫作节义吗？一个人如果不讲慈爱，又不顾节义，那她还有什么脸面立于世上呢？这个孩子虽然不是我亲生的，平时也并不喜欢我，但他终究是我的孩子，我怎能忘记'节、义'二字而不去救他呢？"孟阳氏是这么说的，也是这么做的，她亲自写了状纸，告到官府衙门，情愿以身家性命担保，救出这个非亲生的儿子。

魏安釐王知道此事以后，对孟阳氏的义行十分钦佩。他说："有这样慈爱的人，她的孩子肯定会变好的，我怎能不释放她的孩子呢？"于是，魏安釐王传令赦免了孩子的罪，放他回家。孟阳氏的高尚行为，深深打动了前妻5个孩子的心。从此，他们把后母看成是自己的母亲，亲切地叫她"妈妈"，一家人和和睦睦，相亲相爱，过上了十分融洽和睦的生活。

孟阳氏又晓以礼义，勉励8个儿子发愤图强，严格要求自己，做一个有道德情操、有真才实学的君子。后来，这8个儿子都成为魏国的大夫卿士。

为了褒奖孟阳氏的德行，人们将她视为后母的典范，还引用了

《诗经》中的诗去歌颂她。这首诗是《曹风·鸤鸠》。诗中唱道：

鸤鸠在桑，其子七兮。淑人君子，其仪一兮。其仪一兮，心如结兮。

这首诗翻译成白话的大意是：

布谷鸟筑巢在桑树上啊，

一心抚养着许多小小鸟。

品德高尚而善良的人啊，

慈爱节义有始有终最美好。

慈爱节义有始有终最美好，

内心坚定有节操。

王霸妻劝夫修行

王霸，字儒仲，东汉初太原广武人，以"隐居守志"、身处茅屋蓬户自乐而著称。

光武帝建武年间，王霸曾被征为尚书，后遭阎阳毁陷，以患病为借口，退出官场。这次经历使他认识到仕途的险恶，从此断绝了再入宦海的念头，带着妻儿过着躬耕自给的生活。

起初，王霸跟同郡令狐子伯为友，子伯后来做了楚相，他的儿子也做了郡功曹。一天，子伯派自己的儿子给王霸送信。只见子伯的儿子乘坐马车，仆人跟从，很是气派。王霸的儿子正在田野里耕地，听说有客人来，便放下活计回到家中，当看到子伯的儿子雍容华贵，他沮丧万分，竟然不敢抬头看对方。

对此，王霸面有愧色。客人走后，他就卧床不起，反复思考自己是否应该再次进入官场。王霸的妻子觉得他的行为反常，就问他怎么了。王霸起初不肯说，经过妻子再三询问，他才说："我与子伯是多年的好友，今天他儿子穿戴得雍容华贵，而我的儿子却蓬头垢面。同样是儿子，二者之间相差得太远，我这位做父亲的，对不起自己的儿子呀。"妻子听到后，却严肃地说道："君子修行在于节气，而不是荣华富贵。今天的子伯虽然很富贵，但他的节气没有你高。至于儿子的穿戴，穿什么不重要，重要的是个人的修为。"王霸听后，从床上坐起来，笑着说："夫人所言令我茅塞顿开。"从此以后，他决定终身归隐，不再羡慕荣华富贵，也再没有踏上仕途。

乐羊子妻断机激夫

西汉时候，有个叫乐羊子的人，一天外出行走，突然发现路上有一块圆扁如饼的金子，闪闪发光，连忙弯腰拾起，看看前后无人，心中暗暗欢喜，兴冲冲地赶回家去。

乐羊子妻正在机房纺织，见丈夫回家笑容满面，便问："什么事这么高兴？"乐羊子从怀中取出金子，在手里掂了掂，说道："老天保佑，今天在路上捡到这块金子，少说也有 10 两，你快收起来吧。"

乐羊子妻见是这么回事，皱了下眉头，责备丈夫说："我听说过，有志气的人不喝'盗泉'的水，有骨气的人不吃别人施舍的饭。而你却拾别人丢失的金子，还想靠它发财，真是玷污自己的人格，你想想，这种行为光彩吗？"

乐羊子听了妻子的话，非常惭愧，就把拾来的金子扔到野外去。

乐羊子妻鼓励丈夫外出求学，她说："你寻师求学，我支持。离家再远都可以。男子汉大丈夫，应当学点本领，干一番事业，成天守在家里是没出息的。你走吧，家里的担子我挑了，你不用操心。"乐羊子高兴地收拾行李，第二天即告别妻子，启程上路。

乐羊子在离家数百里外的地方，打听到一位饱学之士正聚徒讲学，便登门谒见，拜他为师。学了一年，乐羊子对老师说："学生家里只有母亲和妻子，离家日久，甚不放心，很想回去看看。"老师说："你既然牵挂，就回去看看吧。如果家里没有什么事，就早点回来。"

乐羊子经过长途跋涉，风尘仆仆地回到家中。他的妻子见丈夫回来，先是一阵高兴，随即又想：丈夫外出刚一年，肯定学业未终，半途而回，不知为着何事。于是谦和地问丈夫："你外出求学不久，匆匆忙忙赶回来，有什么事吗？"

乐羊子抚摸着妻子的头，亲切地说："我出外一年了，很想念你，所以回来看看，没有别的事。难道你不想我吗？"

妻子听了很生气，就拿着剪刀，快步走到织机旁，指着没有织完的绸子对丈夫说："这绸子是蚕丝织成的。一根丝虽然很细，但是一根一根地织下去，就会成寸，一寸寸地积累起来，就会成丈、成匹。现在如果将这绸子剪断，那就半途而废了。即使重新接起来再织，也要耽误不少时间，浪费许多精力。"说到这里，她盯了丈夫一眼，提高声音说："你做学问不也是这样吗？应当坚持不懈地探求自己不懂的道理，一点一滴地积累知识，这样才能学业有成。你中断学习，回来看我，使学业半途而废，这和剪绸子有什么区别呢？"

乐羊子妻说到这里，气得举起剪刀就要往绸子上剪。乐羊子慌忙拦阻，说道："娘子不必动怒，为夫知错了。听了娘子这番比喻深刻的劝导，很受启发，我明天就回老师那里继续求学，不学成不回来见你。"

四、妇贤淑良：照亮心灵的慈爱光芒

　　妻子见丈夫认错了，将剪刀放下，转怒为喜说："明白这个道理就好，做妻子的难道就不想你吗？但我不能只顾眼前，凡事得从长远着想。年轻时不读书明理，将来怎么做人呢？你在外求学，婆婆有我照管，你需要的东西，我会随时托人给你带去。你就专心学习吧，不用牵挂家里。"

　　乐羊子见妻子这样贤德，心里很是感动，下决心学不成不回来。于是第二天便背上行李，回到老师那里，整整7年没有回家。他的妻子在家辛勤劳动，奉养婆婆，还经常给丈夫捎东西，解除他的后顾之忧，使他能安心学习。

许允妻见识过人

　　许允是三国时期曹魏官员、名士，官至中领军。他的妻子阮氏是卫尉卿阮伯彦的女儿，相貌奇丑但智慧过人。新婚之夜，许允发现妻子容貌欠佳，虽然举行了婚礼，但就是不愿意入洞房。如此数日，家里的人都感到忧虑，唯独阮氏处之泰然。

　　这天，有客人来到许家。阮氏吩咐婢女去看是谁。婢女说："是大司农桓范。"阮氏心中暗喜，对婢女说："不必担忧，桓郎是来劝说我夫君的。"果然，桓范以为阮氏虽然姿色平凡，但人品未必不佳，理应多观察些时日再说。桓范走后，许允第二次进入闺房见妻子。但是，许允坐不多时，又要出去。阮氏料到丈夫这一去，便不会再登门了。她情急智生，连忙起身拉住丈夫的衣衫，要他多坐一会儿。许允无奈，只得发话问道："我听说，古代圣贤曾要求为妇人者应有四种品质，即妇德、妇言、妇容、妇功，请问你究竟有哪几项呢？"阮氏不慌不忙地回答说："妇德、妇言、妇功皆备，只是妇容稍逊一些罢了。那么，我也听说古代圣贤曾说过，士有百行，敢问夫君又有几项好的品行呢？"许允说："百行皆具备。"阮氏说："夫百行以德为首，君好色不好德，这是最大的缺失，怎么能说百行皆备呢！"许允被问得理屈词穷，觉得对不起妻子。从此，夫妻相互敬重，感情和谐。

后来，许允升迁为吏部郎。吏部为掌管官员任免、考绩、升降、调动等事务。在此期间，许允曾引荐了不少同乡，有营私舞弊任人唯亲的嫌疑，被魏明帝曹叡传令收审拷问。这时，全家大小都号啕大哭，只有阮氏若无其事。她对丈夫说："明主可以理夺，不可以用感情去求告。"又在丈夫耳边附说如此这般。于是，当魏明帝拷问许允时，许允说："臣所举荐的同乡，都是臣旧日相知，究竟这些同乡称职与否，是好是坏，请明主检校就是。如果推举非人，或有苟且营私之弊，臣愿领罪。"结果，通过调查审校，许允所荐皆为德才兼备的人。魏明帝下诏赦免许允。许允出狱时，魏明帝见他衣着破旧，知道他是位清廉官员，还特意颁赐了一套新衣。据说，阮氏还估计出丈夫还家之日，特意熬了一锅粟米粥。当粟米粥刚煮熟时，许允果然回家来了。

正元元年，许允因与中书令李丰、太常夏侯玄一案有牵连，被窃掌朝廷大权的景王司马师所杀。当有人告知阮氏时，阮氏正在织布。她神色不变地说："我早料到会有这么一天。"为什么呢？当时曹魏政权，早已落入司马懿和司马师、司马昭父子手中了。许允为人正直敢言，受迫害至死是难于避免的。丈夫死后，她担负起全家重任，教养儿女。她的长子许奇，后来官至尚书祠部郎，次子许猛亦官至幽州刺史。

李衡妻妙计保夫

三国时期，吴国太守李衡对琅琊王孙休很不友好，他的妻子习氏多次劝他不要这样做，李衡当作耳旁风，根本不听。琅琊王孙休面对李衡的百般刁难，显得很无奈，便请求离开李衡的辖区，去其他的地方。他的请求得到吴王孙亮的批准。

公元 258 年，孙休被立为吴国皇帝。李衡知道后非常害怕，担心孙休找借口报复自己。经过一番激烈的思想斗争后，李衡对妻子说："当初没有听你的劝告，现在真是追悔莫及呀。与其等着孙休兴师问罪，不如现在远走高飞，带着全家投靠魏国，你觉得怎么样？"

习氏听后，连连摇头，说："不行不行，绝对不行。当初你就是一位普通百姓，是吴国的皇帝把你一步步提拔起来，并且委以重任，这说明吴国有恩于我们。当初你三番五次对琅琊王无礼，现在他当了皇帝，你害怕报复而投敌叛国，你这样的行为，即便去了魏国，人家也会看不起你的，投敌叛国的罪名你会背负一生。"

李衡听妻子这么一说，觉得有道理，又想不出好办法，便问道："那我该怎么办呢？总不能白白等死吧。"

习氏说:"我听说,孙休在当琅琊王时,就很爱惜自己的名声,现在他当了皇帝,更要展示出自己的大度,不会因个人恩怨而报复你。"

李衡想了想,没说什么。习氏继续说:"我有一个好办法。"

"什么好办法?"李衡问道。

习氏说:"你把自己关到监狱中,主动向他承认以往的过失,请求皇帝的处罚。这样的话,不但能够保全性命,很有可能还会得到提拔。"

在没有更好办法的情况下,李衡只好依照妻子的方法去做。消息传到孙休的耳中后,孙休果然如习氏所言,非但没有处罚他,还提拔李衡为威远将军。

韩氏审友

　　山涛与嵇康、阮籍只见一面，便成为好朋友。

　　山涛的妻子韩氏，觉得丈夫与嵇康、阮籍的交情超过了别的朋友，问他是这样的吗？山涛说："我朋友虽多，但论交情，也只有他二人了！"

　　妻子是一个很开朗而通情达理的人，便对山涛说："古代负羁的妻子也曾亲自观察丈夫的朋友狐、赵二君，我也想暗暗观察一下你的这两个朋友，行吗？""行，当然行！"山涛爽快地答应了。

　　有一天，嵇康与阮籍来了。韩氏对丈夫说："我去买酒买肉，你一定要留他们住一宿。"

　　这一天，三个朋友吃得好，喝得好，不觉日坠西山。"不要走了，让我们兄弟三人同榻而卧。也好竟夜畅谈。"山涛说。"不走就不走，反正是四海为庭、天地为庐！"两个朋友都笑了。

　　韩氏润破窗纸，暗暗观察嵇康、阮籍二人的仪容、谈姿。这屋里畅谈一宿，韩氏竟站着看了一宿。

　　二人走后，山涛问韩氏："我这两位朋友如何？"

韩氏说："郎君的才华、情致远远不如那两个朋友，但是你的见识、气度比他们强。"

山涛听妻子一说，正印证了这两个朋友对自己的评价，便说："他们也说我的气量大，能容人，这一点比他们强！"

韩氏知道，丈夫的气度远远在常人之上。她鼓励丈夫与嵇康、阮籍交往。

韩氏的这次窗外观友，真的还看准了三人的命运。这当然都是后话。朋友的路，各人走各人的。韩氏以女性的敏锐，察觉了这种分道扬镳的必然性。

巾帼英雄冼夫人

南北朝时期各方势力长期对峙，不断争斗，为了取得胜利，都需要巩固后方，即北朝要平定柔然、契丹等少数民族部落的侵袭，南朝则要安抚南方的少数民族。

在汉武帝时，曾把兵力布置到闽越、南越一带，但那里还处于荒凉原始状态，经济文化都比较落后。到了南北朝时，因富饶的江南地区遭到战火破坏，特别是"侯景之乱"使得一部分士族和官吏举家阖族搬迁至岭南一带避祸，并在那里生根开花，这对南方民族的融合，对开发闽江流域和珠江流域都大有意义，并且这些地区还帮助支撑南朝的政权。在这种背景下，便引出了巾帼英雄冼夫人的故事。

冼夫人出生在高凉（今广东阳江县）一带，一个少数民族部落首领的家庭，这个部落有十多万人。这里的族民们大多只听从首领的号令。冼夫人便是首领的女儿，她能文能武，帮着父亲处理公务，有条不紊，在部族中进行军事训练，氏族战斗力大增。于是，她在族中有很高的声望。

南朝的罗州（今广东化县）刺史冯融见冼氏之女德才如此出众，

四、妇贤淑良：照亮心灵的慈爱光芒

就派人到冼家为儿子冯宝求亲。冼家也同意这门亲事，于是两家结成姻亲，冯宝娶了冼夫人。冯宝此时已被朝廷任命为高凉刺史，和冼家在同一地区。得益于冼夫人在族人中的威望，各部落逐渐地接受朝廷的管辖了。

侯景乱梁，广州都督奉命"勤王"，命各地征集兵马驰援建康。高州刺史李迁仕，以"勤王"之名，想借用高凉地方武装来加强自己的实力。冼夫人发觉李迁仕居心不良，规劝丈夫冯宝不要轻举妄动。冯宝对冼夫人的机智和才识向来钦佩，就推托有病不去应召。后来李迁仕果然谋反，冯宝庆幸没有上钩，从此对冼夫人更是钦佩有加。

李迁仕参与谋反后，派兵占据赣石（今江西赣江），自己留书高州策应。冼夫人知道后。对冯宝说："何不趁李贼重兵在外，进袭高州，灭了这个叛贼。"

接着，她胸有成竹地说出一个计谋，让冯宝写信告诉李迁仕，自己久病未愈，让妻子来慰劳军士，这样李迁仕一定不会防备，可以一举攻下高州。

冯宝听了，觉得此计甚妙，但又担心冼夫人深入敌营，怕有闪失，所以迟疑不决。冼夫人劝道："国事为重，切不可错失良机！"冯宝想到冼夫人智勇兼备，就同意她前往。

冼夫人带了2000多名兵勇，装扮成民夫，挑着沉甸甸的劳军"礼品"，一路无阻地来到高州城下，投上冯宝的书信。

李迁仕听说冯宝来信，并由冼夫人前来劳军，异常高兴，赶紧打开城门，将一行人请到州署衙门。

冼夫人的"民夫"歇下担子，揭去伪装，原来担子中并非什么慰劳品，装的全是衣甲兵器。只听冼夫人一声号令，众兵勇迅速披挂持械攻下州署，州中守将还不知发生了什么事。

再说李迁仕派往赣石的重兵，也遇到了陈霸先的袭击。陈霸先当时未执政，还是梁朝的一名都督将军。叛军抵挡不住，在逃跑时遇到了冼夫人带兵堵击，杀得叛军大败。冼夫人与陈霸先会师在赣石。陈霸先代表朝廷要慰劳冼氏将士，冼夫人坚辞不受。冼夫人未伤一兵一卒，胜利而归。她对冯宝说："陈都督军容威武，极得人心，不仅能平叛息乱，且能建功立业，前途未可限量，夫君应竭力帮助才是。"后来陈霸先果然建立陈朝，成了一代开国之君。由此可见，冼夫人还极有眼光。冯宝去世后，冼夫人一如既往，安定各部，辅助朝廷。她派年仅9岁的儿子冯仆带着本族首领前往丹阳朝拜陈武帝，陈武帝非常高兴，封冯仆为阳春太守。

广州刺史欧阳纥谋反朝廷，见冯仆年幼，想引诱他参加叛乱。冯仆将情况告诉了冼夫人，冼夫人义无反顾地发兵攻打欧阳纥，平定了叛乱。陈武帝大力嘉奖了冼夫人母子。

冼夫人在岭南一带，威望越来越高，陈经五代而亡，但岭南各部都唯冼夫人之命是听，隋朝的势力无法涉足。冼夫人仍以大局为重，归顺了隋朝的统治，并帮助平定叛乱，不顾年迈，亲自出马，护送隋朝使臣巡抚岭南各州，各部首领闻讯都来参谒，使隋朝在岭南的统治得以落实。

隋文帝杨坚为了褒奖冼夫人的功绩，除了给她及其子孙封赏外，还专为冼夫人颁发了褒美敕书。从梁朝开始，经陈朝到隋朝，朝廷给冼夫人的嘉奖不计其数，她都珍藏起来，逢到各部大聚会时，她才把礼品拿出来让大家参观，并训示说："我经过梁、陈、隋三朝，对国家一片忠心，这些荣誉是国家对我忠心的奖赏，你们也应该人人为国尽忠。"

冼夫人一生始终为维护民族团结和促进民族融合而尽心着力，是当之无愧的巾帼英雄。

崔氏促子清廉

郑善果母崔氏，隋朝时清河（今属河北）人，13 岁时就嫁给郑诚为妻，生了一个儿子叫善果。郑诚勇冠三军，官至使持节、大将军，封开封县公，在一次平定叛逆尉迟迥的战斗中，不幸战死沙场。崔氏当时刚过 20 岁，她父亲崔彦穆要她改嫁。她毅然拒绝，说："郑君虽死，幸有此儿，弃儿为不慈，背弃死去的丈夫为无礼。女儿宁愿割耳截发，也不敢遵从父命。"郑善果天资聪颖，才几岁时便继承父亲爵位，14 岁以后，便出任为沂州刺史、鲁郡太守，成为隋朝时最年轻的地方官。

崔氏是一位博涉书史、明理识治的贤妇人。每当郑善果出堂审理公事时，崔氏总是坐在帐后的胡床上，仔细聆听、随时剖析情况。如果郑善果行事有偏，或是断案不公，崔氏便终日不食，蒙着被子抱头哭泣。她对儿子说："我不是恼怒你年少幼稚，而是愧对郑家门户啊！你的先父，为官清廉勤谨，从来不假公济私，后来以身殉国，我只盼望你继承父志，立身行事，正直无私。我是一个妇人，有慈无威，致使你不知礼教，不守父训，长此以往，又怎能担负起忠臣的重任，治理好公务？这样一来，家风败坏，丢官失爵，我死之日，哪里还有颜面去见你的父亲呢！"

郑善果虽然官居三品，俸禄充裕，但他母亲崔氏仍然亲自纺纱织布，常常到深夜。郑善果疑惑不解，劝母亲不必亲自纺织，多保重身体。崔氏说："官俸是朝廷给的，应当将多余的财物周济姻亲，这是你父亲生前的愿望，至若我不停机杼，终日纺织，也是为了警示自己，不能因为生活富裕便好逸恶劳啊！"

在母亲崔氏的经常督促下，郑善果谨遵母训，勤于职守、克己奉公，被百姓认为是当时最清廉的地方官。隋炀帝为了嘉奖他，将他征入朝廷，授予光禄卿官衔。

五、勤俭节约：
安身立命的基本原则

节俭是一种生活态度。只有懂得"一粥一饭当思来不易，半丝半缕恒念物力维艰"的道理，才能以节俭的态度生活。众所周知，富贵是通过辛勤劳动所获得的，但是只有既知勤劳，又知节俭，方能够细水长流。

汉文帝躬率节俭致安宁

汉文帝是中国古代的明君。他身为皇帝，却自奉俭节，足以为史书增辉。

汉文帝刚即位不久，有人进献了一匹千里马，他坚决不接受，并且还说："我外出的时候，前面有队伍开道，后面有人马跟随，每天走路也不过50里，出征打仗每天只能走30里，我骑着千里马，一个人要跑到哪里去？"于是命人将马退还回去，并付给路费；还由此废除了由来已久的贡献制度。他下诏宣布："今后不准四方官民进献任何礼物。"

汉文帝奉行节俭，这不单是皇帝个人品质的体现，更是一种政治艺术。只有示天下以节俭，才能号令百官，不致引起民众的反感甚至反抗。有个名叫贾山的文人上书言治乱之道，对皇帝的节俭与否和国家安危的关系做了历史的、理论的分析。他说："秦皇帝以千八百国之民自养，力罢不能胜其役，财尽不能胜其求。一君之身耳，所自养者驰骋弋猎之娱，天下弗能供也。……秦皇帝计其功德，度其后嗣世世无穷，然身死才数月耳，天下四面而攻之，宗庙灭绝矣。"

汉文帝非常同意这种看法，当即让掌管皇帝舆马的太仆只留下一些必要的马匹，将其余都调拨传置，充作公用。

汉文帝时期，汉初凋敝的社会经济尚在恢复之中，一方面"失时不雨，民且狼顾"；另一方面商人兼并农人，"衣必文采，食必粱肉"。为此，汉文帝在务本抑末的同时，大力压缩皇室的开支。他在位的23年中，宫室、苑囿、车骑、服御等仍维持原状，无所增益。尽管当时富民奢侈，屋壁得为帝服，倡优得为后服，但文帝宠姬慎夫人却衣不曳地，帷帐无文绣，以示淳朴，为天下表率。文帝曾经想建造一座露台，召工匠设计，费用需要百金。文帝听说后大吃一惊，说："百金，中人十家之产也。吾奉先帝宫室，常恐羞之，何以台为！"于是，这项工事立即停止了。

在封建社会，一般统治者不但在生前钟鸣鼎食，穷奢极侈；即使在死后，同样是起坟修陵，挥霍百姓脂膏。帝王陵墓规模之浩大、雕饰之豪华，比起他们生前所居的宫殿也毫不逊色，甚至有过之而无不及。秦始皇所建造的骊山陵墓就是一个典型例子。在这方面，汉文帝的作风迥然不同。他是中国历史上屈指可数的对薄葬身体力行的君主。

大而言之，从战国以来的动乱到汉武帝时代的繁荣鼎盛，汉文帝统治时期是个转折点；从历史发展的角度来说，到汉文帝时，汉朝社会开始进入治世。而这种"海内安宁，家给人足"的局面，与汉文帝躬率节俭的良好作风自然是分不开的。

相国张禹亲自耕作

张禹，河内轵县（今河南济源东）人，自幼聪颖好学，为人笃厚节俭。汉章帝时，他曾任扬州刺史，任职期间，他释放了许多无辜而被冤判的囚犯，平反了大量冤假错案，受到了扬州百姓的热烈欢迎与衷心称颂。

后来，张禹又调任为下邳相。虽然官职越做越大，地位越来越高，但他笃厚节俭、勤劳朴实、一心为民的优秀品质并未随着地位的升迁而有所变化。下邳国下属的徐县北边有个地方叫蒲阳坡，是一片巨大的沼泽地。这块沼泽地的东边有万顷良田，但遗憾的是，由于沼泽的影响，人们难以通过沼泽地到达那里去耕种，以致这万顷良田长期荒芜，竟然成为杂草丛生、野兽出没的不毛之地。张禹察看地形之后，决定首先排除这百顷沼泽地里的积水，先将这百顷沼泽地改造成为可以灌溉的良田。然后，他又张贴布告，晓谕徐县百姓自由开垦那万顷荒地，谁开垦，谁耕种，谁受益。并由官府供应种子，不收赋税。大家奔走相告，竞相开垦。

为了鼓励百姓出力垦荒，张禹亲自率领百姓开渠排涝，兴修水利，开垦荒地。他饥食干粮，渴饮凉水。短短的一年时间，不但将那百顷沼泽地改造成可以灌溉的水田，那万顷荒地也被开垦了一半。这一年，徐县的百姓有了一个前所未有的大好收成。第二年，临郡有千余户穷人移居到这里，继续开垦那万顷荒地。几年之后，这里很快被建设成为一个规模不小的城镇。这里的百姓从此过上了温饱安逸的生活。饮水思源，相国垦田的故事也就在这里世世代代地流传下去。

五、勤俭节约：安身立命的基本原则

陶侃勤俭节约

东晋时江西有个县吏，名叫陶侃（公元259—334年）。陶县吏博学多才，为人诚实，待人忠恳，清正廉洁，治政有方。他的忠诚、廉洁不断地得到朝廷的赏识，很快便由县吏升任为武昌太守。

当时长江流域经常有强盗出没，拦阻抢劫商船。陶太守就派兵躲藏在商船中，当强盗上船抢劫时，士兵迅速出舱，将强盗全部抓获，并当场斩首示众。老百姓拍手称快，从此以后，长江流域再也没有强盗出没了。

陶太守办事非常认真，不论大事小事他都要亲自过问。他为人诚恳，待人热情，官员和百姓都愿意和他交往。但陶太守对下属官吏，却要求十分严格，不允许他们损公肥私，胡作非为，浪费资财。

有一次，陶太守奉上级命令，监督制造一艘大船，不管刮风下雨，他都一定亲自到场。他要求造船的工人把每一次锯下来的木屑和太短不能用的竹头全收起来，装入袋子里，一袋一袋地存到仓库中。工人们交头接耳笑着议论说："这些竹头木屑有什么用啊，丢了得了，真是小气。"

转眼间，元宵佳节来到了，府衙内要举行庆典，每一个官员都要参加。不巧的是连日来不断下雪，厅堂里泥泞不堪，走起路来非常不方便。陶太守看到这种情况，就对手下的人说："去把仓库里的木屑拿出来铺在路上。"木屑铺在路上，路变得好走多了，府吏们都说："大人真有先见之明呀。"

又过了些日子，朝廷要赶造作战用的江船，船板都锯好了，可是缺少钉子，陶太守又说："快把仓库里的竹头拿出来，削成竹钉不是正好可以使用吗?"于是，造船工把竹头削成为一颗颗竹钉，作战用的江船，很快就一艘艘地制造好了。大家都非常佩服陶太守，以后做事，也都效法陶侃爱惜东西的行为，把一些小物件收起来，留做以后需要时用。

"竹头木屑"的故事，不仅是陶侃综合料理事物极其细密的表现，也是他节俭生活的体现。

陆纳清廉节俭

陆纳，字祖言，吴郡吴县（今属江苏苏州市）人。吴郡陆氏是江南的著名士族高门，在三国时期就有出将入相的陆逊、陆抗等名臣。陆纳的祖父陆英是西晋高平（治昌邑，今山东巨野县南）国相、员外散骑常侍，父亲陆玩为东晋司空。

陆纳虽出身高门，但为人俭素，对当时的浮华奢靡之风极为反感。他被任命为吴兴（治乌程，今浙兴吴兴县南）太守后，先到姑孰（故址在今安徽当涂县）去辞别桓温。他在闲谈中问桓温说："公致醉可饮几酒，食肉多少？"桓温说："年大来饮三升便醉，白肉不过十脔。卿复云何？"陆纳说："素不能饮，止可二升，肉亦不足言。"后来，他见到桓温有闲，对桓温讲："外有微礼，方守远郡，欲与公一醉，以展下情。"桓温很高兴地同意了。当时还有王坦之、刁彝等人在座，等到礼物呈上时，只有一斗酒，一盘鹿肉，坐中之人皆大为愕然。陆纳不慌不忙地说："明公近云饮酒三升，纳止可二升，今有一斗，以备杯杓余沥。"桓温及宾客们都为陆纳的直率简朴而感叹。桓温当时大权在握，一言可定人死生，但陆纳并不因之而趋炎附势，据实以奉，看似不成礼，却又表现出他的一片诚意。

陆纳不仅素性节俭，且廉以奉公。他在吴兴太守任上，连国家规定的俸禄也不接受，所用粮食都由自家奴仆从家中运来。罢任还朝时，"止有被襆而已，其余并封以还官"。

还朝后，陆纳调任吏部尚书，当时谢安任中书监、侍中、录尚书事，总领朝政。一次，谢安要去拜访陆纳，陆纳的侄子陆俶看叔叔什么也没有预备，就暗中做了安排。"安既至，纳所设唯茶果而已。俶遂陈盛馔，珍馐毕具。"客人离去后，陆纳大怒，对陆俶说："汝不能光益父叔，乃复秽我素业邪！"于是责打他40杖。陆纳不因谢安是自己的上司，就改变自己的操守。

陆纳在职时清廉节俭的作风被当时及后人传为美谈。南朝梁时被称为"清公实为天下第一"的何远，在送别太守时曾送上一斗酒、一只鹅，太守王彬对他开玩笑说："卿礼有过陆纳，将不为古人所笑乎。"这足见陆纳已被视为清廉节俭的典范，受到后人的景仰与仿效。

任昉清明之举

任昉（公元460—508年），字彦升，南朝乐安博昌（今山东寿光）人。历仕宋、齐、梁三代，曾任太常博士、尚书殿中郎、太子步兵校尉、中书监、骠骑大将军、扬州刺史、御史中丞、秘书监、新安郡太守等职，还是南梁著名的文学家。

任昉性格豁达、不拘小节，清正廉洁、助人为乐。他对自己及家人的衣食住行从不讲究，对因贫苦而难以维持生活的人则乐于解囊相助。他的俸禄一旦到手，常常马上就被分送给亲友。梁武帝即位后，他曾出任义兴郡太守。当时，由于连年天灾，老百姓纷纷四处逃荒乞讨，任昉就用自己的俸禄买来米豆熬成粥分给百姓，救活3000余人。任昉还针对当时当地因灾荒生子却不抚养的弊习做了一条规定，即如果生子不养与杀人同罪。对于孕妇，则供给所需用的资费，得到他资助的人家有1000多户。由于他的俸禄大部分接济了别人，而自己和家人却食用粗茶淡饭，过着十分俭朴的生活。一次，他与朋友到溉、到洽兄弟俩一起外出旅游，行装只有7匹绢、5石米，回到京都时连穿的衣服都没有了。他的另一个好友镇军将军沈约得知后，派人给他送去了一身衣服。他居官多年，从不置家产，全家人在京城连个固定的宅第都没有。他任太守，以清明廉洁著称，并大力倡导尊老爱幼的良好社会风尚。对郡内80岁以上的老年人，他派人专门地走访慰问，使老年人深为感动。郡里有一座蜜岭和一片杨梅林，本是专供太守采用的。他担任太守后，主动放弃了这一"特权"，被人们称为"清明之举"。

明帝时，任昉曾任新安郡太守。他不修边幅，常常拖着拐杖，徒步行走在城里城外，有诉讼的，他就在路边现场办公，及时处理。公元508年，任昉死于新安太守任上。由于他清正无私，不置资财，死时家里只有20石桃花米，其他什么资财也没有，连可以用来陪葬入殓的物品也找不到。任昉临终前还一再嘱咐家人，他死后不许索要新安的一草一木，棺材就用一般的杂木制作，寿衣就穿洗干净的旧衣服。在他逝世后，新安郡百姓为了纪念这位清正廉洁、爱民如子的太守，纷纷出资在城南给他修建了一座祠堂。

五、勤俭节约：安身立命的基本原则

刘裕农家本色

在封建政权中，皇帝的地位是至高无上的。在先秦时期，已有"普天之下，莫非王土，率土之滨，莫非王臣"的说法；到秦建立起中央集权的统一政权后，更是"何求而不得，何使而不能"。因此，历代皇帝中滥用民力、穷奢极欲者颇多。不过，其中也有一些皇帝以节俭而著称，南朝宋高祖刘裕就是较为突出的一个。

东晋安帝义熙十三年（公元417年），刘裕亲自统军攻灭后秦。当时后秦经过姚氏数十年的经营，公私富庶，库藏中的珠玉珍宝颇多。但刘裕并未乘机大加收敛，而只是收取彝器、浑天仪、土圭等国家所需的礼仪、测量之器，送到建康（今江苏南京），献给名义上的统治者晋安帝，"其余珍宝珠玉，以班赐将帅"。刘裕在东晋末已是大权在握，但到他正式登上帝位后，一直是"财帛皆在外府，内无私藏"。

起初，朝中宫廷音乐的乐器及乐师都不齐备，长史殷仲文屡次向刘裕建议应逐渐配齐，殷仲文认为帝王应享有一定规格的宫廷音乐，非如此不足以显示帝王的气派。而刘裕则并不以此虚假排场为要务，一方面讲自己忙于国事军务，无暇顾及于此；另一方面明确表示自己并不以不懂标志帝王享受的宫廷音乐为耻，且不愿增此奢华之物，唯恐因而荒废国事。因此，史称刘裕"清简寡欲，严整有法度，未尝视珠玉舆马之饰，后庭无纨绮丝竹之音"。

刘裕在日常生活中穿着颇为简易，即使当上皇帝后也不讲究仪仗侍从，"常著连齿木屐，好出神虎门逍遥，左右从者不过十余人"。他对家中妻儿亦要求甚严，"高祖以俭正率下，后恭谨不违。及高祖兴复晋室，居上相之重，而后器服粗素，不为亲属请谒"，并从小培养孩子的节俭之风，"诸子食不过五盏盘"。

对于房室殿堂的布置，刘裕也禁止搞得过于华奢。有关机构奏请在东、西堂"施局脚床，金涂钉"，刘裕就不允许，只许用直脚床，使用铁钉。在永初二年（公元 421 年），刘裕还下令禁止天下使用金、银涂物。

对于婚丧习俗，刘裕则力纠东晋时期的奢侈之弊。他自己的女儿出嫁，"遣送不过二十万，无锦绣金玉。内外奉禁，莫敢为侈靡"。由于他以身作则，使得王公大臣、士族豪强也都随之仿效，由奢趋俭。永初二年，在禁金、银涂物后，他又下令禁止在丧事中使用铜钉。在刘裕的带动下，整个社会风俗发生较大的变化。

出身贫寒的刘裕在控制朝政乃至登上帝位后，能不改俭素本色，并以身作则来改易风俗，在历代统治者中可以算是十分难得的了。

孙谦清慎不怠

孙谦（公元 425—516 年），字长逊，东莞莒（今山东莒县）人，17 岁被引为州府左军行参军。宋明帝泰始元年（公元 465 年）被擢为明威将军，出任巴东和建平（今四川奉节和巫山）太守。这个地区位于长江三峡地带，是一些少数民族在居地，历来政府都是以武力镇压的方式进行统治的。孙谦赴任，政府也照样给他 1000 兵力去进行镇抚。孙谦则说："他们不友好，是政府待之失节，现在派那么多的兵力，实在是浪费国家的财力。"于是，他谢绝了政府所派的兵员，只身赴任。到了就任地之后，先将掠劫的人口均释放回家，接着免除了百姓的部分税务。这种恩惠于百姓的做法，使当地的百姓非常感激，便争先恐后地送给他金银宝物。孙谦对他们讲明事理，一概不收受百姓的财物。由于他简朴、清廉，全郡较为安宁和顺，刘宋政权的威信大增。

元徽初年（公元 473 年），孙谦被任命为越骑校尉，征北司马府的主簿。时刘义符之孙建平王刘景素欲举兵反叛，但怕孙谦反对，就假托有事，派他去京师建康。等他一走，刘景素就起兵造反。后兵败被诛，孙谦则迁为左军将军。

南齐初，拜孙谦为宁朔将军，钱塘（今浙江杭州市）县令。他为政清简，监狱无囚犯，老百姓见孙谦不接受任何馈赠，当他谢职他任时，便身负缣帛追赶在路上相赠，他仍然是拒不接受。

天监六年（公元 507 年），梁武帝拜孙谦为辅国将军，零陵（今湖南零陵）太守。此时孙谦年事已高，精力衰弱，但他强力为政，常勤劝耕织，务尽地利，其所治郡县，秋收时的收成常常高于邻郡。3年后，征为光禄大夫，回京城，请求给以艰巨的任务。梁武帝笑着对他说："我是使用你的智慧，不是使用你的体力。"于是下诏书嘉奖他，说他"清廉谨慎，名声卓著，始终不怠"。

天监十五年（公元 516 年），孙谦病死，享年 92 岁。孙谦一生从政为吏达 70 余年，去官下任后，无私宅，借用公家的空房、车房和马厩而居。他睡床的四周是用竹子或者是用苇草编成的席做成的屏风，冬天用布做被子，而垫的褥子则是一种莞草，夏天也没有蚊帐。

隋文帝倡俭忧天下

　　隋文帝杨坚（公元 541—604 年）于开皇七年（公元 587 年）代北周而建立隋朝后，一统宇内，革故鼎新，勤俭治国，因而在其统治期间，生产发展，人口增加，国威远扬。

　　《隋书·高祖纪》载：隋文帝为帝后，勤于政事，自奉甚严。除宴请外，平时每餐不食两样肉菜，乘舆御物，凡有破损的，补好再用。后宫嫔妃，不仅屈指可数，还不准修饰打扮。有一次，文帝要配点止痢药，需要一两胡粉（化妆品），宫中竟找不到。又曾找织成的衣领，宫中也没有。开皇十四年（公元 594 年），关中闹饥荒，他派人去看望百姓所食食品，是豆粉拌糠，他便拿给群臣看，流涕责备自己无德，不准侍臣进奉酒食达一年之久。并曾诏令天下"犬马器玩口味不得献上"。开皇十五年（公元 595 年），相州刺史豆庐通贡献精美绫锦，他下令在朝堂当众焚毁，以至当时天下士人常服布衣，不穿绫绮，亦无金玉之饰。

　　文帝自己躬亲节俭，故对百官要求亦甚严。有一次，太子杨勇把穿的铠甲装饰一新，华丽无比，他看见很不高兴，唯恐由此招致奢侈风气的侵染，即训诫杨勇说："自古帝王未有好奢侈而能长久的，你身为太子，应该首先崇尚节俭。"三子秦王杨俊为并州总管时，好奢侈，违制度，广治宫室，结果被文帝停职禁闭。杨俊死后，文帝下令将其奢丽之物全部焚毁。

为防止官吏贪贿，隋文帝除设立专门的监察机构外，还常常遣人暗察百官，发现有不法贪污之徒，即加惩处；甚至派人假装去行贿，以考察官吏的清廉操守，如果谁受贿，立即斩首，无所宽容。而对于清介之士，则予以越级擢升。平乡县令刘旷清名善政，百姓怀恩感德，境内犯法的极少，以致监狱里长满了野草。文帝知道此事后，便优诏升任他为营州刺史。汴州刺史令狐熙，考绩为天下第一，文帝赐帛300匹，并颁告天下。

隋文帝倡俭惩贪，重视对官吏的整肃，大大减轻了对百姓的剥削，使得豪强官吏不敢过分作恶，有利于社会经济的恢复和发展。《隋书》评论他："躬节俭，平徭赋，仓廪实，法令行，君子咸乐其生，小人各安其业，强无凌弱，众不暴寡，人物殷阜，朝野欢娱。二十年间，天下无事区宇之内宴如也。"

平民宰相赵憬

赵憬（公元 736—796 年），字退翁，天水陇西（今甘肃陇西东南）人。他自幼好学不倦，志向远大，品行高洁，但不自我炫耀。唐代宗、德宗时期，历任州从事、试江夏尉、监察御史、殿中侍御史、太子舍人、湖南观察副使、观察使、给事中、中书侍郎、同中书门下平章事等职。他居官清廉、崇尚节俭，深受当时人的称赞。

唐德宗贞元四年（公元 788 年），回纥可汗请求和亲。唐德宗以咸安公主出嫁回纥。派检校右仆射关播为使臣，赵憬以给事中兼御史中丞的官职担任副使，护送咸安公主去回纥。以往历次出使回纥的人，大多私自携带各种丝织品和粗丝棉等，在回纥买马，带回来牟利。而赵憬却不这样做，他在回纥什么也不买。人们对他的廉洁赞叹不已。

赵憬出使回纥尚未返回时，朝中尚书左丞的职位出缺。这是一个协助宰相处理国家日常行政事务的重要职务。唐德宗马上想到了他，说："赵憬可以胜任。"赵憬任职期间，清廉勤勉，克己奉公，严于律己。由于他推荐的果州刺史犯了贪污罪，年终考绩时，他主动要求降低自己的考绩等级。主持考绩的校考使刘滋认为他勇于承认过失，应予以鼓励，于是又提高了他的考绩等级。

赵憬一向主张节俭。唐代宗初年，朝廷为唐玄宗、唐肃宗修建陵墓，耗资巨大，又逢吐蕃入侵，天下饥馑。当时赵憬还是一介平民，但他以天下为己任，向朝廷上疏，请求节省经费、用度从俭。人们对此深为赞赏。

贞元八年（公元792年），赵憬被任命为中书侍郎、同中书门下平章事（即宰相）。他常向皇帝强调节俭的重要性，指出"选贤能，务节俭，薄赋敛，宽刑罚"，四者同为治国的根本。

赵憬不仅对别人提倡节俭，而且身体力行。他得到俸禄之后，先修祭祀祖先的家庙。不修府第，不置田产。虽然官居宰相，生活却十分俭朴。他住的房舍、用的仆役都和贫穷的士大夫差不多，不知情的人实在难以想到是宰相之家。

"一代之宝"张俭

统和年间，辽圣宗到云中（今山西省大同市）游猎，云中节度使前往迎接。按照惯例，皇帝所到之处，地方长官都要有贡献。云中节度使却两手空空地对圣宗说："臣境无他产，惟幕僚张俭，一代之宝，愿以为献。"圣宗召见张俭，见他质朴无华。询问政治得失，却能上奏20余事，而且颇有见地，因此深得圣宗赏识。

张俭（公元962—1053年），字仲实，宛平（今属北京市）人。圣宗统和十四年（公元996年）中进士，初任寺丞、县令，后迁升为监察御史。圣宗时，在朝中任事多年，官至左丞相兼政事令。圣宗死后，受遗诏辅立辽兴宗耶律宗真。张俭做事精练，精于时务，对当时政治弊端多有更正；更可贵的是他生活俭朴，为朝野称道。

张俭任政事令、辅政大臣时，每月的俸禄除生活必需之外，都散给了亲朋故旧，他自己吃的则是粗茶淡饭，穿的是破旧衣衫。一个冬日里，他到皇宫便殿向兴宗奏事，兴宗看到他的衣服破旧，便令近侍偷偷地用火夹在上面烧个小洞做下记号，看他以后是否还穿这件衣服，观察多次，也没见他换过。兴宗问他为什么总穿一件衣服，张俭回答说："臣服此袍已 30 年。"兴宗见他清贫，便要他到宫中府库随意拿些东西，张俭却只是拿了 3 块布，其他物品无一所取。兴宗对张俭非常尊重，他到张俭家中，都先派人送些饭菜去，而张俭则推却不受，只用家常便饭招待兴宗。一来是他生性节俭，二来也劝勉兴宗不要奢华。张俭兄弟五人，兴宗要全部赐予进士及第，他坚辞不受。

张俭的地位可谓是人臣之极，但他却不尚奢侈，一件衣服竟穿 30 年之久，令人赞叹。

金世宗大力倡导节俭

1161 年秋天，完颜雍（公元 1123—1189 年）在辽阳自立为帝，是为金世宗。完颜雍虽贵为金国的皇帝，却始终能想到百姓的疾苦，生活十分俭朴。

金世宗无论到什么地方，都要诏令迎接的官员不要铺张浪费。他曾坦率地对大臣们说："我一天用掉价值 50 只羊的东西，又有何难呢？但这些都是老百姓用血汗换来的，我不忍心浪费。"

金世宗尽量避免影响百姓的正常生活，有时需要办点急事，也不向民间征钱，不给百姓增加额外负担。平时出猎或巡视，严令士兵和随从不得损害百姓利益，更不能贪财扰民。1164 年，金世宗出外打猎，遇到天降大雪，卫士们只得住进老百姓的屋里。几天后大雪一停，他叫卫士给屋主人 100 贯钱，作为住房补偿。

金世宗饮食简单，他吃饭不仅菜的花样少，而且数量也很少，餐餐吃得精光。一次，公主来他这里，觉得这种行为很好笑。他就语重心长地对她说："有什么好笑的！父皇之所以这样做，是时刻都在想着还有许多百姓处在饥饿之中！"女真人喜欢喝酒，但金世宗平常从不饮酒，只是到节日或大典才稍稍尝点。

金世宗对穿衣也从不讲究，一件衣服穿了三年还觉得不够，非要穿破了才肯换掉。

金世宗除了自己身体力行、以身作则外，还经常教育太子、亲王和大臣们这样做。一次，有人向他请求增加东宫的费用，金世宗说："东宫的费用早有规定，也不缺什么东西，为什么要增添呢？太子从小娇贵，容易形成奢侈的习惯，应该引导他过俭朴的生活。"还有一次，大臣上奏说越王和隋王二府（金世宗两个儿子住的地方）有建造工程。金世宗说："两府中有什么工程？不过是竹子枯死了，没有必要兴师动众麻烦别人来做，两个王府那么多办事的人和奴婢，自己处理就行了。"

金世宗不光大力倡导节俭，他还在许多方面为国家、为百姓做了很多有益的事，像治理水害、恤民救灾、移民垦荒、整顿吏治，都有很大的成就。在他的治理下，金国达到了全盛时期。

雍正躬行节俭

清朝的雍正皇帝不仅在勤政方面极为突出，有口皆碑，而且在廉政方面也同样留下了好的名声。他在位期间力倡去奢崇俭，曾多次颁发谕旨，要求中央及地方的各级官吏改正奢靡之习，同时他本人也"躬行节俭"，反对铺张。正因如此，雍正朝的吏治在整个清朝历史上是比较清明的。

清初，大办丧事之风很盛，而尤以八旗官员为甚。康熙六十一年（公元 1722 年）十二月，雍正帝登基的第二个月，即谕九卿等，指出"向来八旗官员于丧葬等事，每多靡费"，"竟尚奢侈"，"殊非朕以礼教天下之意"，要求九卿按满、汉官员品级定出各官葬礼等级，日后不得越制。并明确提出，今后满、汉官员办理丧事，要"务从简朴"。丧礼要简，婚礼也不能奢。雍正初年（公元 1723 年）规定，汉人纳彩成婚，四品以上官员之家，"绸缎、首饰限八数，食物限十品。五品以下减二，八品以下又减二"。"品官婚嫁日，用本官执事"，但只限六个灯，十二个吹鼓手。

服饰冠戴同样能反映出一个官员的俭朴与奢侈，因此雍正帝对此也极为重视。元年五月，他下令文武百官要按品级规定戴素珠、穿马褂、用坐褥、放引马。不久，福建巡抚黄国材奏请将服色违制者治罪。雍正帝指出，"移风易俗，宜渐不宜骤"，主张"徐徐劝导"。同年八月，禁止官民服用有五爪龙图的纱缎衣物。五年（公元1727年），雍正帝要求王公、大臣将百官朝服顶戴按官品分别确定下来。八年（公元1730年），又对一品以下官员的顶戴做了进一步详细规定。雍正帝不断对官员服饰冠戴做出各种规定，除了为严格等级制度外，显然也有防止"奢僭之弊"的目的。

饮食起居最能检验一个人节俭与否，雍正帝对此尤为关注。他曾告诫天下官民，"当随时撙节，而不可纵口腹之欲。每人能省一勺，在我不觉其少，而积少成多，便可多养数人"，如此，"则天必频加赐赉，长亨盛宁之福。若恣情纵欲，暴殄天物，则必上干天怒"。他尤其反对铺张、讲排场，曾下令禁止民间的酬神赛会。他反对官员自设戏班，认为不仅花费大，而且耽误公事，遂于雍正二年（公元1724年）十二月下令禁止督抚提镇司道府官家中设立戏班。当时，满族官员由于特殊的社会地位，其奢华程度远甚于其他官员。他们"以奢侈相尚，居室器用，衣服饮馔，无不备极纷华，争夸靡丽，甚且沉湎梨园，遨游博肆"。对此，雍正帝于二年二月下谕训诫八旗官员，指出虽然"取快目前"，而"其害莫甚"，因为"国家察吏，廉者奖，贪者惩，满与汉无二法也"。并要求他们"人人以廉能自矢"，否则"法网难宽"。

在要求文武百官夫奢崇俭的同时，雍正帝对自己的要求也是比较严格的。当然，作为皇帝，他所能享受的非一般人能比。但是，在古代帝王中，雍正帝的节俭也算是突出的。他曾说："朕生平爱惜米谷，每食之时，虽颗粒不肯抛弃。以朕玉食万方，岂虑天瘝之不给？而所以如此撙节爱惜者，实出于天性自然之敬慎，并不由于勉强。"王庆云在《熙朝纪政》中也提到了雍正帝不忍抛弃宫中食物，"令人检贮"，几年之内"米粟至数十石之多"。

对于生活中的某些用品，雍正帝也是不大讲究的。织造衙门的贡献物件，"所进御用绣线黄龙袍，曾至九件之多，又灯帏之上，有加以彩绣为饰者"。雍正帝"深为不悦，即降旨诚谕"。不久恰逢端阳令节，"外间所进香囊宫扇中，有装饰华丽、雕刻精工者"，雍正帝很是不满。他下谕内阁，指出"此皆开风俗奢侈之端，朕所深恶而不取也"，况且"人情喜新好异，无所底止"，岂可导使之为而不防其渐乎？他再次强调："治天下之道，莫要于厚风俗，而厚风俗之道，必当崇俭而去奢。若诸臣以奢为尚，又何以训民俭乎？"如果说公开的上谕只是例行公事，任何皇帝都能冠冕堂皇地说上一套；那么雍正帝在臣子奏折上的批示，总该视为真心话了。雍正三年（公元1725年）六月，福建巡抚黄国材奏折上用黄绫封面，雍正帝批示："请安折用绫绢为面，表汝等郑重之意犹可。至奏事折面概用绫绢，物力维艰，殊为可惜，以后改用素纸可也。"雍正帝书写朱谕，所用纸张大多是裁成的小条，有时书写不换纸条，将所述内容密密麻麻地写在一张纸上，其节俭精神是令人钦佩的。

作为一国之君，雍正帝力倡节俭，反对奢侈，其效果非同凡响，"在位十三载，日夜忧勤，毫无土木、声色之娱"，"故当时国帑丰盈，人民富庶，良有以也"，是有一定道理的。

彭玉麟崇俭扬天下

　　彭玉麟（公元 1816—1890 年），字雪琴，号退省庵主人、吟香外史，祖籍衡永郴桂道衡州府衡阳县（今湖南衡阳），生于安徽省安庆府（今安徽安庆），早年参加镇压湖南李沅发起义，1853 年随曾国藩创办湘军水师，后升为水师提督，兵部右侍郎，并加太子少保衔，1883 年擢任兵部尚书，以衰病辞。

　　当时的清政府非常腐败，王公贵族们的生活也达到了穷奢极欲的境地。他们贪婪笨拙、庸懦无能。其中仅饮食一项，一年就不知要耗费多少银两。每餐的饭菜，总要摆三四张八仙桌，菜品虽达几十种之多，然不过只吃眼前的几样而已。所谓"吃一看二眼观三"，实际上是为了讲究锦衣玉食的豪华排场。

　　彭玉麟的私生活却十分俭朴，"力崇俭朴，偶微服出，布衣草履，状如村夫子"。在他的起居室中，除了书籍和笔砚外，仅有两个纸篓，别无其他陈设摆置。一天，他的一位朋友前来私寓拜访他，留客的午饭，也不过是青菜、豆腐、辣椒豆豉、茄子、黄瓜，中间一盘辣子炒肉而已。他的朋友在谈及此事时，抱怨彭玉麟照顾不周，留饭如此简陋怠慢。彭玉麟的亲随人员解释说，饭桌上加上一盘辣子炒肉已经是特别优待了。

在穿着上，即便是新年时，他的马褂袖弯处也是已快洞穿，羊皮也有数处开绽，而他平时服饰如何俭朴就可想而知了。彭玉麟虽身居高位，又享有丰富的薪俸，但能以身作则，立身行事，不贪图个人享受，所以在晚清的官僚中赢得了崇俭自守的美名。

"安贫厉节"李用清

清末光绪年间，民间传有"天下俭一国俭"之谣，用来赞扬两位节俭的官员。"天下俭"者，为李用清；"一国俭"者，为嘉乐。

李用清（公元 1829—1898 年），字澄斋，号菊圃，山西平定州乐平乡人。他非常钦佩古先哲之俭朴，并立志效仿。同治四年（公元 1865 年），李用清中进士，改翰林院庶吉士，授编修、侍讲衔。后记名御史，特授广东惠州府知府，升贵州贵西兵备道、贵州布政使，署贵州巡抚。李用清做官期间，一直注重节俭，反对奢侈，故史书中称他是"安贫厉节"。

同治十二年（公元 1873 年），李用清的父亲去世，他"徒步扶榇返葬"。光绪初年，他在贵州布政使任上，时"库储六万，年余存十六万"，然而他却"俸入不以自润，于黔以购粟六千石"，以备不虞。他任官期间，不用幕僚，一切事务均亲自处理，就是署理巡抚事时，仍"日坐堂皇理事"。他对家眷要求也很严格，他的夫人随他赴任，只住在大堂侧面的"小室"内。李用清在平日的饮食、穿戴方面亦十分节俭。

　　李用清之节俭，连仆人也觉得奇怪。其实，他并非贫困，以他从二品大员的俸禄及养廉，足够享受一番。他之所以安于清贫，在于他时刻不忘读书时立下的志向，"虽居显要，不忘儒素"。光绪三年（公元1877年），"山西奇荒"，李用清奉命赴晋赈灾。他"骑驴周历全境，无间寒暑，一仆荷装从。凡灾情轻重、食粮转输要道，悉纪之册"。后"晋父老言其办赈"，均认为"可谓难矣"。

　　虽然李用清对自己十分节俭，甚至让人感觉有些吝啬，但他对百姓，对举办的公益事业却很慷慨。诚如《清史稿》所云："用清严于自治，勇于奉公。"光绪十四年（公元1888年），郑州一带黄河决口，朝廷下令抢修，然所需经费甚巨。这时的李用清已因被人弹劾而辞官，当他听说黄河决口，心急如焚，遂捐银两万两，作为抢修之工需。有人对此不解，认为"不在其位，不谋其政"。李用清的态度是："天下事须痛痒相关。吾起家30年，习与性成，不能忘也。"

　　正是由于李用清能够安贫厉节、勇于奉公，因此获得了"天下俭"之美名。李用清病故之后，他的同窗好友杨颐为其作《神道碑》称"巍巍太行，实产巨儒"，并高度赞扬了他的节俭奉公精神："欲行直道，今也则难。"在清末那种吏治腐败的环境中，能够有李用清这样的安贫厉节之人，真是难得。

六、美德流传：
人性之中的精神力量

　　美德是一种从内而产生出的力量，当一个人心中充满着对世界的爱、对生命的尊重，以及对时间与万物的珍惜时，就会自然而然地产生美德。美德除了能使我们看起来更美以外，也能使它的拥有者更加幸福。

程婴抚养赵氏孤儿

春秋时晋国景公三年（公元前597年），权臣司寇屠岸贾为了执掌朝廷大权，企图一网打尽国政大臣赵盾的后代。他不顾正卿韩厥的反对，也不向晋景公请示，擅自领兵攻入下宫，杀了赵朔、赵同、赵括和赵婴齐全家。赵氏的后代几乎被灭绝。

赵朔的妻子庄姬是晋成公的姐姐，当时有孕在身，乘乱逃入宫廷。赵朔平日为人宽厚，深得门客公孙杵臼和程婴等人拥戴，如今赵氏一家遭难，公孙杵臼和程婴商量要为赵家报仇。公孙杵臼问道："赵家有难，你为赵家门客，为何不仗义殉难呢？"程婴回答说："朔将军的妻子有遗腹，若是有幸生个男孩，我程某义无反顾，将他抚养成人；若是夫人生个女孩，我程某再死也不为迟。"

不久，赵朔的妻子果然生了一个男孩，取名为赵武。屠岸贾为了斩草除根，领兵四下搜索这个赵氏孤儿。夫人听得消息，寻思无计，只好慌里慌张地将孤儿藏在身穿的袄里，默默祷告说："苦命儿呀，你要是哭，赵氏一门便灭绝了！"说也奇怪，正当屠岸贾一行人冲入宫门时，孤儿竟不啼不哭，反而安静地睡着了。于是，赵氏孤儿终于脱险。

公孙杵臼和程婴都明白，屠岸贾是不会善罢甘休的。怎么办？公孙杵臼想了许久，忽然低声问道："在死和保护赵家后代这两件事情上，究竟是哪一个困难些呢？"程婴说："死是容易的，存留这个孤儿可难啊！"公孙杵臼于是坚定地说："既然如此，我公孙某取其易，你就勉为其难吧。"显然，公孙杵臼为了保存赵氏一脉，已做出了舍生取义的打算，他走到程婴面前，附耳轻声地嘱咐着。说罢，公孙杵臼抱起了从别处寻来的婴儿，用被子裹好，藏进一个小山洞里。当屠岸贾的部属又来搜捕赵氏孤儿时，程婴强忍着满腔悲痛，假装大骂公孙杵臼，声称公孙杵臼所藏的婴儿正是赵氏孤儿。于是，公孙杵臼和这个孩子均遭杀害了。屠岸贾以为赵氏遗孤已被斩草除根，心中暗喜。其实，赵氏孤儿还活在人间，他在程婴的保护下，过着颠沛流离的逃亡生活。

一晃15年过去了，赵武已长大成人。这天，晋景公与韩厥议论朝政，不满屠岸贾的专横跋扈。晋景公压低嗓音问："赵氏还有后代子孙吗？"韩厥这才将实情告诉晋景公。于是，晋景公暗地里派人去见程婴，要程婴将赵武带回内宫。

在韩厥的策划下，一场向屠岸贾夺权的宫廷政变打响了。结果，屠岸贾在战乱中被杀，他的家族也全被处决。晋景公下令恢复赵氏的田邑，并起用赵武为国政。对于韩厥，晋景公也是赏赐有加。

赵武20岁那年，行了加冠礼。一天，程婴向赵武辞行。赵武感到十分突然，疑惑不解。程婴说："20年前，我之所以不死，为的是要挽救赵氏家业。公孙杵臼先我而死，也是为了保留赵氏一脉。如今你已身为国政，我可以完全放心去与公孙杵臼相见了。"赵武听罢，扑通一声跪倒在地，满脸泪水哀求他，要他不必如此轻生。他无限感慨地说："不行。当初公孙杵臼认为我能够成全他的志向，故情愿仗义轻生，先我而死。如今大事竟得成功，我要以死去报答死去的朋友。"说罢，他昂然阔步走出宫门，拔剑自杀了。赵武哀痛至极，特意设奠祭告公孙杵臼，又为程婴服三年齐衰丧礼，要子子孙孙不得忘记这两位义士信友。如今，在赵氏祠堂的旁边，还专门设有祭奠程婴、公孙杵臼的牌位！

春秋时期的这段历史故事，流传至今已 2000 多年。元朝剧作家纪君祥，依据史事编成了《赵氏孤儿》杂剧。明人传奇《八义记》，京剧《八义图》（一名《搜孤救孤》），也是据此衍生而成的。程婴和公孙杵臼的高尚情操，将永驻人间，彪炳史册。

季札让国

吴王寿梦有 4 个儿子。长子谒（诸樊）、次子余祭（吴安王）、三子夷昧（吴度王）、四子季札。4 个儿子中，季札最有贤德。吴王对此了若指掌，3 位兄长也都公认季札品德之高尚。

将王位传给哪个儿子是让吴王寿梦很难决断的事。立长，是规矩，不能破；立贤，是需要，有阻力。所以，在反复权衡之后，他决定听天由命。在吴王寿梦的天性里，真有一种得之于远祖的淡漠……

那么遥远！自吴太伯立吴，到自己这一代，已经 19 世了！吴太伯无子，传位于弟弟仲雍。这就开了一个象征性的头：君位可以兄弟相传。不但兄弟相传，甚至还要兄弟相让呢！寿梦从家族史上读到，吴太伯、仲雍兄弟俩就是为了让弟弟季历继承王位，从周原跑到吴下。季历继承了周太王之位，又传位给儿子昌，是为文王，接下是武王。算来，吴国之兴，比武王克商还要早两代人！

这是吴国的光荣历史。这历史源于以传贤为原则的权力转让。

终于，在做了 25 年吴王之后，寿梦驾崩。这一年是周灵王十一年（公元前 561 年）。

从长至幼，拥老大为吴王。这谒（诸樊）做了吴王，心里感到对不起父亲和弟弟。他知道父亲有意传位于季札，他又知道季札比自己有能耐。但季札不愿，且发了血誓。所以，尽管王冠戴到头上，他仍然公开宣称："季子贤能，要是他做国王，吴国必然兴盛！我长他幼，必然先他而去，所以国君之位从我开始传弟不传子！"甚至在每次吃饭的时候，这诸樊都祝祷说："愿上苍让我早死，好让季札继位。"

诸樊在位 13 年。这一年（周灵王二十四年，公元前 548 年），他率军攻打巢国，中箭而死。传位给二弟余祭。

余祭继位的第四年夏天，伐越大胜，获越俘，在视察舟船时，突然被越国战俘刺死。三弟夷昧继位。夷昧继位后，即派弟弟季札出使北方各诸侯国。季札遍访鲁、齐、郑、卫、晋各国，了解了国际大势，也加强了吴国与各国的友好关系。

吴王夷昧十七年（公元前 528 年）正月，夷昧病逝，依次应传位给季札了，但季札正好出使他国未回。他的庶兄弟僚（史书多以僚为夷昧之子）捷足而登，说："我也是兄弟中的一位，也有资格做国王！"于是僚为吴王，即吴王僚。

季札出使归来，闻兄王已病逝，庶兄弟又做了新王，便在悼念完夷昧后，一如侍奉前代国王一样侍奉吴王僚。吴国政坛，依然太平景象盈吴门。

此时，有一个人耐不住这种兄弟相传的礼仪了。他就是公子光，诸樊的儿子。

公子光说："照我父之意，国政当归于我叔季子。季子不受，按继嗣之法则应归于我。僚有什么资格当国王?"

吴王僚十二年(公元前 515 年)春二月,吴王僚派他的两个弟弟率兵伐楚,又派季札使晋。吴都空虚,吴王僚失去了帮手。

公子光以重金和私情收买了勇士专诸。在公子光的家宴上,专诸献鱼,从鱼腹中抽出"鱼肠剑"刺杀吴王僚,一剑中心,吴王僚横死。专诸也被吴王僚的贴身卫士斩杀!

吴国姑苏城,发生了宫廷政变。公子光虚位以待季札归来。

季札回国,公子光拜谒说:"请叔父就王位,以应祖父遗志!"

季札此时已经年过六旬,须发皓然(此时距寿梦去世,已经 46 年了)。他看了看公子光,说:"你杀了我的君王,我再从你手中获得王位,这就等于你与我共同篡位。你杀了我的庶兄,我若为他报仇再杀你,这就会造成兄弟父子相攻杀而无休无止。你既想为王,你就做你的王吧!"

说毕,扬长而去,去了他的封地延陵,终身不再进入吴都。后世遂称他为"延陵季子"。

优孟解人危难

优孟是春秋时楚国的一个歌舞艺人，他身长八尺，能言善辩，经常以委婉曲折的语言劝谏楚王。

楚国的相国孙叔敖病重将死的时候，嘱咐他的儿子说："我死了以后，你可能会变得贫困，那时你可以去找优孟，说你是孙叔敖的儿子，他一定会想办法帮助你的。"

过了几年，孙叔敖的儿子真的过着贫苦的生活，只能靠打柴度日。

有一次，他背着柴火去卖，正好在路上碰到了优孟，便对优孟说："我是孙叔敖的儿子，父亲临死时嘱咐我贫困的时候去见您。"

优孟说："好吧，你不要到远处去，我一定想办法帮助你。"

优孟回到家里，便仿照孙叔敖生前的穿戴做了一身衣服和一顶帽子，然后穿戴起来，并注意模仿孙叔敖生前的样子，走路、办事、拍着巴掌说话，一举一动都学孙叔敖的样子。这样过了一年多的时间，优孟就变得十分像孙叔敖了。

一天，楚庄王设宴招待大臣，趁此机会，优孟穿上仿制的衣服，戴上仿制的帽子，模仿着孙叔敖的动作，走上前去向楚庄王敬酒。

楚庄王一看，以为孙叔敖又活了，又惊又喜，连忙拉住他，请他做楚国的相国。

优孟连连推辞，说自己不是孙叔敖，而是优孟，可是楚庄王不相信，仍坚持让他做相国。

最后优孟说："让我回家去跟妻子商量一下，三天以后再答复您。"

楚庄王同意了优孟的这个请求。

三天以后，优孟又来见楚庄王。楚庄王问："你妻子说什么？"

优孟回答说："我妻子说：千万不要做相国，楚国的相国不值得做。像孙叔敖那样好的相国，竭尽忠心，廉洁奉公，治理国家，使楚王称霸。可是他死了以后，他的儿子连立锥之地也没有，穷得每天卖柴换吃喝。楚王一定要你像孙叔敖那样做相国的话，你还不如自杀呢！"

听了优孟的话，楚庄王觉得十分惭愧，便把孙叔敖的儿子召来，把寝丘（今河南沈丘东南）这片 400 户之地封给他。

六、美德流传：人性之中的精神力量

卜式助国不求赏

卜式，西汉时河南洛阳人。他友爱兄弟、救济乡邻，又慷慨解囊、以充国库，治家有方、政绩卓然，可谓是一代楷模。

卜式出身农家，以种地牧羊为业。他与弟弟分家产时，把家里的田地、房屋和其他财产都给了弟弟，自己只赶着100多头羊去山里放牧。10年过后，卜式已有1000多头羊，还买了不少田地，盖起房舍。这时，弟弟却因挥霍和不善经营而倾家荡产。于是，卜式又将自己劳动所得的家财，再分一多半给弟弟，要弟弟吸取教训，辛勤劳作，重建家园。

当时，汉武帝正进行反击匈奴的战争，需要许多军用物资。为了取得战争的胜利，汉武帝颁布了一道"入粟拜爵"的诏书，凡用家财资助政府的人，可以封官晋爵。卜式上疏启奏武帝，愿意将家财的一半交给国家。武帝派人问卜式："想当官吗？"卜式说："我从少年就放羊，不懂得从政，不愿意做官。"来人又问："是不是家里有冤有仇，需要申诉呢？"卜式说："我与人无争，邻里穷困时周济他，干坏事时教育他，我和乡亲们相处融洽，哪里有冤仇呢？"来人不禁诧异地又问："那么，你捐出家财又是为了什么呢?"卜式笑着回答说："当今天子要去反击匈奴，这太好了。我以为有品德的人应该不怕死，效命疆场；有钱财的人就要支持政府，这样就可以消灭匈奴了。"来人觉得难以理解，将情况报告丞相公孙弘。公孙弘也认为卜式的行为不合乎一般人情，要武帝不要允许。卜式毫不介意，继续在家里种地牧羊。

后来，遇上匈奴浑邪王降汉，随他来投降的人多达 4 万。政府为了安置他们，要边境的贫民、百姓迁入河南。一时之间，官府仓库的粮钱十分短缺。卜式得知消息，主动捐钱 20 万。当武帝看到河南太守的奏表后，不禁联想起卜式几年前的行为，大为感动，赐爵十等，田十顷，任以中郎，布告全国进行表扬。

卜式呢？他不愿受赏，不愿为官。武帝说："寡人在上林苑有羊，委托你看管吧。"一年多以后，武帝再来上林苑，一眼便看见满山遍野都是小羊羔。十分高兴，卜式向武帝报告养羊的方式和经验，又说："不只养羊如此，治民也是这个道理。"武帝大喜，拜他为县令，后拜为齐王太傅，又转迁为相。

后来，国内爆发了吕嘉的叛乱，卜式于是再次上疏表示，要带着自己的儿子和随从兵丁奔赴战场，报效祖国。武帝嘉奖他的为人，赐爵关内侯，并加以表扬。

第五伦诚心自剖

第五伦，字伯鱼，京兆长陵（今陕西咸阳）人，东汉初年的大臣，以峭直贞白见称。

第五伦"少介然有义行"。曾为乡啬夫，"平徭役、理怨结，得人欢心"。后数年鲜于褒把他推荐给京兆尹阎、理兴，阎兴署以为督铸钱掾，"伦平铨衡，正斗斛"，"百姓悦服"。老百姓说："第五伦所平，市无奸枉。"

建武二十七年（公元51年），举孝廉，补任淮阳国的医工长。后随淮阳王朝觐京师，以"酬对政道"为光武帝刘秀垂重，不久拜为会稽太守，在会稽太守任上，他生活节俭，家风寒素，虽身为2000石，却亲自砍草喂马，妻子下厨做饭，每月的俸禄只留1个月的口粮，其余都贱价卖给贫苦的百姓。会稽"俗多淫祀，好卜筮"，老百姓常常以牛祭神，严重影响了农业生产。第五伦到任后，查办巫祝，严禁妄杀耕牛，"巫祝有依托鬼神诈怖愚民，皆案论之，有妄屠牛者吏辄行罚"，对移风易俗和发展农业生产做了很多贡献。

汉章帝时，第五伦为司空，屡次上疏皇帝抑制外戚势力，防止他们骄奢擅权，危及朝政。他主张对外戚"可封侯以富之"，但不能"职事以任之"，因此得罪了不少有权势的人。他的子孙劝他说话办事不要太峭直，不要得罪太多人，第五伦"辄叱遣之"，认为忠于国家就应该"奉公尽节，言事无所依违"，不然就不是真正的忠臣孝子。

第五伦天性质朴，少文采，不修威仪，以贞白著称，时人比之为当朝贡禹。有人问他："你一心尽心公事，难道就没有私情杂念了吗?"第五伦诚恳地回答："有。以前有个人送我一匹千里马，我虽然没有接受，但每逢三公选推人才，我心里总不能忘记这个人。虽然这个人最终并没能被录用，却说明我仍有私心。像这样的事，能说我没私心吗?"问者对第五伦的诚心自剖心悦诚服。

兄肥弟瘦

　　赵孝，字长平，东汉初沛国蕲（今安徽宿州）人。他父亲赵普在西汉末年王莽时官至田禾将军，屯田于西北边疆，卓有政声。朝廷以他父亲的业绩，诏选他为郎官。他每次告假回家探亲时，总是穿着布衣，自己挑着行囊，从来不愿意惊动官府。一次，他因公出差，从长安返回京师洛阳，由于天色已晚，想到驿馆里歇宿。当地的亭长早已听说贵为朝廷郎官的赵孝要经过这里，特意布置好一套漂亮的客房。赵孝来到驿馆以后，见里里外外都打扫得干干净净，准备盛情迎接他。他想：自己年纪还轻，又无功于国，怎么能享受这种待遇呢？于是，当亭长在驿馆门口盘问他的姓名时，他故意不说出自己的真名实姓。亭长询问道："听说田禾将军的大儿子赵孝出差长安归来，要打从这里经过，你知道他什么时候能到吗？"赵孝不露声色地回答说："听人家说，他要三天以后才能来这里哩！"说罢，他头也不回继续赶路去了。

　　赵孝就是这样一位躬身自守的人，他不愿凭借父辈的荣耀，也不肯以朝廷官员的身份享受那种过于隆重的待遇。对于自己的弟弟赵礼，他也是恪守兄长的本分，教之以礼，导之以义，关心爱护，希望弟弟日后有功于国，成为一个品行高尚的人。

不久，天下大乱，盗贼横行。在一次慌乱中，弟弟赵礼被一伙强盗捉住了。赵孝听得消息以后，捶胸顿足，抱头大哭。他为了救出弟弟，用绳索捆绑自己的上身和双手，然后来到强盗们的住地。他对为首的强盗说："弟弟又瘦又小，如今又饿得皮包骨头，而我赵某长得比较肥胖，情愿替弟弟偿命。"贼首听罢，大惊失色，却又厉声叫道："你难道不怕死吗?"赵孝镇定地回答说："兄弟亲如手足，如今弟弟遭难，做哥哥的见死不救，苟且偷生，这岂是为人之道。我赵某绝无戏言，请你们先放了我弟弟，再杀我也不为迟。"贼首很受感动，将他们兄弟俩松绑放了，说："你是个有义之人，我现在放你回去找些干粮送来，要不然再拿你抵命。"说罢，贼首喝令喽啰们将他俩推出门外。

赵孝目送弟弟安然走后，便四下里寻找粮食。当时，附近的百姓都是吃草根，剥树皮，又哪里有米面送给他。于是，赵孝毅然回到贼营，表示自己没有找到干粮，依照约定回来抵命，心甘情愿被杀，以保住弟弟性命。强盗们佩服他的信义，终于放了他。附近的百姓们也因此免除了一场灾难。他们纷纷上疏朝廷，表荐他的高尚品行。

永平年中，汉明帝刘庄有感于赵孝的为人，擢升他为谏议大夫、侍中，又征辟他弟弟为御史中丞。他们两人在职期间，忠诚信义，谦让恭谨，深受明帝宠信和大臣们的赞扬。

赵孝自愿以死请求替代弟弟的事，从此被传为美谈，比喻为兄弟情谊深厚的"兄肥弟瘦"也被引申为成语典故了。

六、美德流传：人性之中的精神力量

姜肱兄弟争死

　　姜肱，字伯淮，东汉后期彭城广戚（今江苏徐州沛县东）人。他出身名门望族，祖父曾任豫章太守，父亲是任城相，母亲早逝，有兄弟三人，由继母抚养成人。姜肱居长，他经常对仲海、季江两个弟弟说："咱们兄弟从小没娘，幸赖继母维持家庭才有今日，后母管教严厉了些，也是出自一片好心，她没有生养，我们可不能让她伤心。"于是，兄弟三人虽然相继长大成人，但为了服侍继母，他们不分家，同床共被。姜肱和仲海后来有了妻室，也总是回到家，与继母和弟弟季江欢聚一起。亲戚邻里们都夸奖姜肱，说他不愧是姜家的好儿孙。

　　当时，朝廷里外戚、宦官争权夺利、水火不容，皇帝年幼，形同傀儡，朝野上下乌烟瘴气。博通《五经》、兼明星纬的姜肱，目睹官场的腐败，多次婉拒了王公们的举荐，情愿在家乡开馆授徒，以教书为业。他有弟子3000多人，声望很高。两个弟弟也是博览群书，学识过人。他们和姜肱一样，专心学问，不愿出仕为官，随波逐流。于是，兄弟三人的名字不胫而走，远近闻名。

一次，姜肱带着弟弟季江出行，途中被一伙强盗拦截了。强盗劫夺了他们的车子，抢走了他们身上的衣服，还恶狠狠地挥动着手中的大刀，扬言要杀死弟弟季江。姜肱扑上前去，央求着说："弟弟还年少，尚未有妻室，身边还有多病的后母，需要他去照顾。我自愿代替弟弟一死，你们就杀了我吧。"说罢，他弯下腰，两手按在地上，伸长了脖颈，等待一死。这时，却听得弟弟对强盗说道："我哥哥是家里的顶梁柱，上有老，下有小，家里不能没有他。我一身无牵无挂，死了也不可惜，你们放我哥哥走吧，我情愿代兄偿命。"姜肱焦急地要说话，他刚一抬头，早见弟弟已跪倒在自己的面前。兄弟两人四目相对，禁不住抱头痛哭。这时，只听一个强盗说："你们兄弟都是有德行的人，我们也只为生活所逼，才干这等勾当，你们都起来去吧！"说罢，那个强盗吆喝一声，便推起车子走了。

却说姜肱和弟弟来到城里，亲友们见他俩上身只穿着小褂，脚上也不穿鞋，都惊异地问途中是否被盗。姜肱只是用其他话掩饰过去，绝口不提被劫的事。又过了几天，那伙强盗推着车子来到姜肱讲课的学堂门口，求见姜肱，向他叩头请罪。姜肱以礼相待，招待他们酒食。强盗们临走时，姜肱还送他们一些钱；劝谕他们去恶从善，重新做人。强盗们千恩万谢地告别而去。

永康二年（公元 168 年），中常侍曹节等人专执朝政，逮捕并杀害太傅陈蕃、大将军窦武等大批"党人"。曹节为了沽名钓誉，礼请姜肱出任太守，姜肱不愿与豺狼为伍，改名换姓，以行医卖卜为生。

熹平二年（公元 173 年），姜肱才回到家乡，不久病死，享年 77 岁。他的学生刘操等人，追慕姜肱的高尚品德，镌刻了一块石碑，竖立在他家门口，以表述他们对老师的敬意。

顾恺之焚子券书

东晋时期，南方的经济逐渐发展起来，官僚及其子弟经商与放高利贷的现象也日趋增多。对此现象，许多清廉正直的官员颇不以为然，并严厉约束子弟，禁止他们从事于此，其中顾恺之就是颇为突出的一个。

顾恺之，字长康，晋陵无锡（今江苏省）人，是当地的有名士族高门，累代出仕。顾恺之曾任参军、散骑常侍等职，并屡次出任州、郡长官。

顾恺之"尚俭素，衣裘器服，皆择其陋者"。他还重视管束子弟，家中上下关系融洽，为乡里所称道。他有 5 个儿子，其中第 3 个儿子顾绰不听教诲，其家产丰饶，乡里士族、平民欠顾绰债务的颇多。顾恺之屡次加以禁止，但顾绰执意不改。后来，顾恺之出任吴郡太守，他对顾绰说："我常常不允许你借贷给人，后来定下心来思考：人太贫穷了，生活也确实不好过。民间与你有关的债务，还有多少没偿还的？趁我做郡守时，替你督促。否则，将来怎么有这种机会，再来帮你讨债？你的债券，都在何处？都拿来，我帮你去讨债。"顾绰听后大为高兴，以为父亲也不耐清贫，就把一大橱各种文卷都交给顾恺之。顾恺之将文卷全部烧毁，并让人宣告远近，说："欠我三儿子顾绰的债务，都不需要偿还了。所有的债券，都烧毁了。"顾绰知道后，一连懊丧叹息了好多天，但也无计可施。

在当时，能像顾恺之这样不顾自家利益，阻止放贷并付诸行动的人是极少的。顾恺之焚烧券书虽然一方面也是为维护士族官僚不经商的清高形象，但此举对于管束子弟行为，缓解百姓疾苦也是大有益处的，因之受到时人的称赞，对后世也有很现实的借鉴意义。

郑冲不让子孙承袭爵位

郑冲，字文和，荥阳开封（今河南开封）人，崇儒爱经，知百官之说，一生以儒雅为德，生活廉俭，以竹器盛饭，乱麻为絮，很有名望。曹丕当政时，郑冲任尚书郎，出补陈留太守。建立晋朝以后，郑冲官拜太傅，这时他已年过七旬。他在第一次向朝廷请求退位的上表书中写道："本官自感力不从心，请求隐退，望皇上恩准。"晋武帝看了奏书，批道："晋朝正处初创时期，急需用人，郑冲明允笃诚，翼亮先皇，光济帝业，举世瞩目，不能退！"郑冲马上又上表请求辞职，随即交还印绶。晋武帝左思右想，最后打定了主意，下诏："郑冲不能退下去！"

到了泰始九年，郑冲再次上表辞官。他在给朝廷的上表书中，谈了辞退的原因及其利害关系。晋武帝为郑冲不计个人禄位的精神所感动，接受了他的请求，但明确规定，郑冲退位之后，位同太保太傅，在三司之上，禄赐所供，策命仪制，一如既往。在商议国家大计时，晋武帝总要派人前往郑冲府上，听取他的意见，并采纳有益的建议。

不久，郑冲患了重病，生命危急。他的夫人顾念一个没有成年的小孙子，噙着泪对他说："趁你还在世，说话管用，向皇帝要求由孩子承袭爵位，他不会不答应的。"

郑冲吃力地说："我身为国家重臣，多少年享受着国家优厚的待遇。可我为国家的贡献太少了。平日里，一想到这些，就感到很惭愧。现在要死了，我正在抱恨今后不能再给国家出力了，哪里想到为儿女伸手讨要荣华富贵，让他们去承袭什么爵位啊！"夫人说："那孩子将来怎么办呢？"郑冲说："让他们自己去自立吧。"

郑冲死后，武帝才知此事。他悲痛不已，便特别优待抚恤郑冲家眷。与此同时，晋武帝诏告朝野：郑冲执事 60 余载，忠心为国，虑不及私，群臣务必向他学习。

李士谦和睦邻里

在中国封建社会里，地主豪绅固然多为鱼肉乡里之辈，但也有少数人能够克己修身，和亲睦邻。隋朝李士谦就是其中之一。

李士谦，字子约，赵郡平棘（今河北赵县）人。他博览群书，学问精深，善天文术数，然淡于功名，不求闻达，安居乡里。

李士谦幼年丧父，为母养大，待母极孝顺。一次，其母亲生病呕吐，怀疑是食物中毒。他跪在地上遍尝呕吐之物，以确定真相。北魏广平王元赞闻其孝名，征召他为开府参军事，当时其年仅 12 岁。后来其母去世，他长期服丧，哀痛难禁，不思饮食。朝廷多次征其为官，均被推辞，自此终生不仕。

他的家庭极为富有，本人却非常节俭。并且乐善好施，不惜倾囊为邻里排忧解难。州境之内有人无力办丧事，他立即赶去资助。当地遭灾，田里歉收，他出粟数千石，赈济乡人。第二年收成仍不好，借债者无力偿还，登门道歉，他说："我家多的米，本来就是为了馈赠给别人，难道是为了利益吗？"于是，召来全部债家，设酒席招待他们，当众烧毁所有借据，说："债务不存在了，请你们不要老想着还债了。"次年，当地大丰收，债家争相还债，李士谦坚决拒之，一无所受。他年又遇大饥荒，饿殍多有。李士谦倾尽家资，熬粥赈灾，赖以生还者数以万计。乡间遗尸，他都收留埋葬。至春季青黄不接时，又出粮济贫，并且准备种子，分送贫苦农民。赵郡农民感动万分，看到小孩子，就说："这是李参军赐给我们的恩惠啊。"

李士谦一生和睦邻里。乡间有人放牛疏忽，牛闯入李家田地，践踏禾苗。李士谦不但不以为忤，反而将牛牵至阴凉处，以上好饲料喂之，精心照料，甚于牛主人，其后设法还归本主。农民有贫困无存盗其庄稼者，他看见后，默不作声，避而远之，任其所为。其家童曾经捉住一名盗割庄稼者，李士谦非但不处罚，还对家童说："贫穷受困所以才做偷盗了，咱们就当是做了件仁义事，不用对他进行责罚了。"命人放他回家。有兄弟两人分家不均，争执不下。李士谦听说后，出资补其少者，使之与多者相等。兄弟皆惭愧不已，于是互相推让，从此和好如初。

李士谦的行为感动了当地百姓。李士谦66岁时殁于家中。赵郡百姓闻之，无不为之落泪，参加其葬礼者有上万人，乡里人相与在其墓地为之树碑。许多人向李士谦家属馈赠钱物，其妻范氏说："他平生好施，今虽殒殁，安可夺其志哉！"所有馈赠，一无所受，还拿出500石粟济贫。

李士谦作为地主阶级，能够尽其所能，帮助穷人，周济邻里值得称道。

魏敬益毁契还田

元朝，雄州容城（今河北省容城县）有个叫魏敬益的人，心地很善良。

魏敬益家原有田6顷，后来又买了10顷，共有16顷。他心里很高兴，觉得在自己入土之前，为儿孙们置了不少产业，子孙后代可以免受饥寒了。

有一天，魏敬益出外访友，碰上一些卖田的农民，但见他们一个个愁眉苦脸，唉声叹气，便问他们有何难事。农民们说："日子没法过啊！光靠当长工，怎能养家糊口？从前自己有块田，好赖总有些收成。自从把田卖了，一点指望也没有了。"

魏敬益听完，深感内疚。他一连几天吃不好饭，睡不好觉，反复思虑着：自己为儿孙买田置地，却使许多人家失去了赖以谋生的土地，他左思右想，最后毅然否定了自己的做法。

魏敬益把儿子叫到跟前，对他说道："自从我买了附近村庄的10顷田，那里的农民都不能自给了，我很同情他们，后悔不该买这些田，使他们失去了生活的依靠。现在我准备将这些田退还原主。你只要谨守余下的田地，仍然可以生活得很好。"

儿子不高兴地说："买田给钱，又不犯法。卖田的人不卖也穷，哪能管那么多？"

魏敬益严厉地说："我们不能只顾自己。眼看着乡亲们忍饥挨饿，你能忍心吗？为父决定这样做了，为世人积德。有出息的，将来会自食其力的。"一席话，说得儿子哑口无言。

魏敬益把卖田的农民召集到自己家里，对他们说："我买了你们的田地，使你们失去了生活的来源，很对不起你们。为了补救我的过错，请让我将这些田地退还给你们。"

众人一听魏敬益说出退田的事，十分惊愕，不知说什么好。众人都是贫苦农民，因为天灾人祸，才出卖自己的一小块土地。因此互相望着，都不明白魏敬益的意思。

魏敬益见大家面有难色，便诚恳地说："我将田地退回原主，是一片真心，请乡亲们不必过虑。我知道大家日子都很艰难，卖地钱决不要你们偿还分文。"说罢，将地契拿出来，当众销毁。众人见他果真是诚心退田，一个个眉开眼笑，千恩万谢而去。他们回到村里，相互庆贺，都说田地回了家，多亏魏善人。为了报答魏敬益，村民们推举两位长者领头，齐到县里，要求表彰魏善人的义举。

容城县知县听说此事，便命人将此事整理成文，上报中书省，请求朝廷加以旌表。丞相贺太平见了雄州容城报来的材料，不禁赞叹说："世上竟然有这样的人！"

七、严于自律：
永不松懈的道德底线

自律是一个人最重要的品质之一，是克制恶习的最有效的办法。不能自律的人，迟早是要失败的。很多人成功过，但是昙花一现，根本原因就在于他们缺乏自律，忘记了自律。古往今来，大凡自律的人，也都有一个良好的家风。

寒朗守法止冤狱

东汉明帝刘庄和楚王刘英是同父异母的兄弟。刘庄做太子时和刘英关系最好。刘庄做了皇帝后，对楚王刘英又是封地，又是赏赐。

刘英年轻的时候喜欢打猎、游玩、广交朋友，网罗了一批江湖上的亡命之徒。年纪大了后又喜道教，交结了一大批江湖术士，在楚王宫中画符念咒，建塔祭祀。他的这些活动早就引起朝中一些大臣的注意。

不久，有人向汉明帝揭发楚王宫中私制皇帝的印玺，私造图谶，勾结大臣，搞谋反活动。汉明帝派人调查，楚王宫中果然造有砖塔，养有不少游侠、术士。

汉明帝没想到自己最恩宠的兄弟竟然谋反，十分气恼。大臣们也纷纷主张把楚王下狱定死罪，汉明帝不忍心，只把刘英的王位革掉，赶到一个小县城去生活。然后就把一肚子的怒气全发泄在和楚王勾结的颜忠、王平身上，严令司法机构对颜忠、王平重刑拷问，追逼楚王勾结大臣谋反的事情。颜忠、王平经不起刑讯拷打，为了开脱自己，拼命地攀扯朝中有名的公卿大臣。

汉明帝是有供就信，供出谁来就抓谁。一时间，被捕入狱的有几千人，其中最有名的是耿建、臧信、邓鲤、刘建四位侯爵。

　　寒朗作为侍御史也参加了这个案件的审理。当时，承办案件的大臣们看到汉明帝对大臣参与谋反极度恼怒，都非常小心，不敢多说一句。凡是有一点牵连的都要被逮捕入狱。唯独寒朗不同，他不相信会牵连这么多人，几次单独提审颜忠、王平，发现这两个人前言不搭后语，根本没见过耿建等四位侯爵，便知道他们是胡说一气。经过几个月的反复拷问和调查，寒朗就上书给汉明帝，提出耿建、邓鲤等人并没有参与阴谋，纯属受颜忠、王平等人的诬陷，并表示怀疑全国上下类似耿建、邓鲤等人的冤情还有很多。汉明帝看了以后，专门把寒朗叫去问道："你说耿建他们没有谋反，为什么颜忠、王平要揭发他们？"寒朗说："这两个人明知道自己的罪行重大，故意拉扯朝中大臣来开脱自己。"

　　汉明帝很不高兴地问："既然是四位侯爵都没有事，你为什么不早说？现在把他们关在狱中已这么长时间了，你们这些具体办案的人就没有责任吗？"寒朗回答："我虽然早已怀疑四位侯爵被冤枉，但害怕万一其他地方还有揭发的。因此，没有及时向皇上报告。"这一下汉明帝可火了，破口大骂："狡辩！做官吏的竟敢这样地见风使舵！"一边骂，一边让人把寒朗拉出去杀掉。卫士们上来把寒朗扭住向外推，寒朗就冲着汉明帝大声喊叫："我早就准备一死了！可我说的是实话，为的是国家！"汉明帝又叫人把他推回来，问他："谁和你一起写的这份东西？"寒朗说："我明知说了这些话是灭九族的大祸，根本不敢再拉扯别人，实在是希望陛下能够明白过来，再没别的目的。"明帝说："让我明白什么呢?"寒朗说："第一，办案的大臣、官吏都是看陛下的脸色行事，都知道多抓一个比多放一个保险。抓住就逼供，一供陛下就信，所以抓一个，牵连十个，抓十个连一百个。第二，朝廷的大臣们，当着陛下的面都说陛下很宽大，牵连的人只抓本人不罪及九族，真是天下的大幸。可是回到家里躺在床上，扪心自问，都知道冤枉的不少。大臣们没有一个敢向陛下说真话的，我今天说了实话，只要陛下能明白过来，我就死而无怨了。"寒朗这一番披肝沥胆的直言，使汉明帝的怒气减了一半。他思考了一下，就把寒朗放了。

过了两天，汉明帝亲自到洛阳监狱中审理被抓的人，先后放出来的有1000多人。随后，全国各地因此案被捕的又放出几千人。一个特大的冤狱，因寒朗一个人舍命直言得到了平反。可是，寒朗本人却没有一点居功之意。他始终认为自己没有敢早一点讲实话是一种失职犯罪的行为。在被冤屈的人得到释放后，他自己把自己定了个渎职罪，主动住进了监狱。汉明帝倒是从心里感激他，不久，找了个说辞赦免了他。

羊续拒贿悬鱼

羊续（公元142—189年），字兴祖，东汉泰山平阳（今山东新泰）人。因为他家七世为二千石卿校，他作为忠臣子孙，被任命为郎中，后在大将军窦武府上任职。建宁元年（公元168年），因窦武谋诛宦官一事牵连，羊续被禁十余年。后为庐江太守。中平三年（公元186年），调任南阳（今河南南阳）太守。当时江夏郡的赵慈反叛，杀南阳太守，攻陷六县。羊续快到南阳郡时，便服出行，唯有一童子随从。到任后，很快平定了赵慈叛乱。当时权豪之家奢丽盛行，羊续对此极为反感。为了矫正时弊，他常穿破旧衣服，吃粗茶淡饭，乘坐老马破车。

羊续初到南阳，郡丞为了与他联络感情，送他一条大活鱼。羊续很为难，不收吧，怕伤了郡丞的情面，人家可能是一片好意；收下吧，又怕别人老是这样，如此下去，何以为官。他灵机一动，将鱼收下，但既不吃，也不转送别人，而是将那条鱼"悬于庭"。郡丞看到羊续收下了那条鱼，不久，又送鱼来。羊续便将上次悬挂在庭院中的那条鱼拿给郡丞看，以此杜绝类似情况的发生。

羊续在外为官，其妻带着儿子羊秘从老家千里迢迢地赶到他的住处，他却闭门不纳。其妻无奈，只好带着儿子返回原籍。羊续为何如此绝情呢？原来他既不贪污受贿，俸禄又常帮助贫困的人，住处只有一条布被和一件破旧的短衣，吃的只有盐和数斛麦。

中平六年，汉灵帝欲让羊续为太尉。不过当时东汉已公开卖官鬻爵，朝廷规定，被封为三公的人，都得送给东园（少府所属的官署）礼钱千万方可。灵帝派"左骓"（即使者）去督促羊续交钱，羊续让他坐在单席上，然后举起用乱麻絮在其中的袍子，以示没有钱向东园送礼。左骓将此事原原本本转告给汉灵帝，他大为不悦。因此，羊续没有登上公位。后改任太常，未到任，病卒，时年仅 48 岁。

羊续留下遗言，入殓从简，不受任何财物。当时规定，2000 石官吏卒于官者，拨给治丧钱百万。南阳府丞焦俭遵从羊续先前的意见，一无所受。朝廷特诏褒美，令太山太守从府库里拨出治丧钱，赐给羊续家。

杨震以清白为遗产

杨震，字伯起，弘农华阴（今陕西华阴东）人。他博学多通，对《四书》、《五经》的造诣尤深，人称之为"关西孔子"。他曾开坛讲学 20 多年，后出仕为官，屡迁荆州刺史、司徒、太尉，在当时享有很高的声誉。

杨震是一位以清廉自持的人。早在他还是东莱太守时，因公务途经昌邑（治所今山东巨野东南），县令王密在深夜里特意来拜见他。王密本是荆州的茂才，过去曾得到杨震推荐。这次相见，王密以恩报恩，从怀里取出黄金 10 斤相赠。杨震毅然加以拒绝，严肃地说："故人知君，君不知故人，何也？"意思是说：我可了解你，你却不理解我，这是什么缘故呢？王密说："暮夜无知者。"杨震还是推辞不受，大声地说道："天知，神知，我知，子知，何谓无知！"王密见他执意不收，只好满脸羞愧地拜别而去。

不久，杨震转任涿郡太守。在他看来，既然自己出仕为百姓父母，就应该廉政、勤政，自律为民，为百姓多办好事实事。因此，他秉公立正，不拉帮结党，不损公肥私，也婉言拒绝他人的馈赠。这样一来，他的子孙亲眷，穿的是粗裙布衫，吃的是青菜粗粮，出门上街也只好以步当车。当时，社会上流行着这样的谚语："以贫求富，农不如工，工不如商，刺绣文不如倚市门。"于是，不少亲朋故旧诚意地劝他，要他利用当官的机会，开办各种私人产业，从中牟取利润，为自己的子孙后代着想。但是，杨震始终都没有同意。他说："使后世称为清白吏子孙。以此遗之，不亦厚乎！"意思是不给子孙购置产业，而是自己留下清白廉正的名声，不也是十分丰厚的遗产吗？

后来，他位列三公，正色当朝，触怒了樊丰、周广、谢恽等朝中权贵，被安帝遣返原籍。当他行至城西几阳亭时，饮鸩自尽。临死前，仍然嘱咐子侄们，为人要清白正直，丧事务求节俭。

杨震虽是封建王朝的官员，却能自觉拒贿，又不为子孙购置产业，而是给他们留下"清白"的好名声。这笔丰富的遗产，难道是用物质所能衡量的吗？

从败家子到学问家

我国历史上第一部完整的针灸专著《针灸甲乙经》，出自晋朝人皇甫谧之手。这位当年的纨绔子弟，是如何成就事业的呢？

皇甫谧（公元215—282年），幼名静，字士安，自号玄晏先生。安定郡朝那县（今甘肃省灵台）人，后徙居新安（今河南新安），曾祖皇甫嵩曾经是汉朝的太尉。到了晋朝，家道没落。皇甫谧又父母双亡，所以寄养在叔父母家中。这时，皇甫谧虽然穷困，可是他出身富贵之家，从小养成了懒散的坏习惯。到了20岁，仍然不爱读书，整天和一些游手好闲的青年在一起鬼混。人们都说，他是皇甫家的败家子。

他的婶母任氏待他很好，他对婶母也很孝敬。有时从外面得到一些瓜果，总要拿回家，请婶母尝尝鲜。

婶母平时总劝他上进，可是效果不明显，于是决心狠狠刺激他一下。

有一次，皇甫谧又拿了瓜果回家。任氏很不高兴地对他说："你以为拿点瓜果回来就算是孝敬吗？《孝经》上说：'三牲之养，犹为不孝。'每天早晚都能给长辈送上牛、羊、猪肉，也不能算孝。你现在已经20多岁了，还是不务正业，不认真学习，不懂得道理，我怎么能感到安慰呢？"

皇甫谧听后深感羞愧，对婶母表示，以后一定改过学好。

任氏却表示不信，她说："江山易改，本性难移，你这坏脾气还能改得过来？"说完了，便不理皇甫谧，回房织起布来。皇甫谧听着机杼的声音，一下一下好像打在自己的心上，愧恨交加，果真下了决心。

从此，他再也不东游西荡了，并和那些游手好闲的子弟断绝了来往。为了学本事，他拜了附近的学者做老师。他每天早上起来，扛着锄头，带着书本下地劳动，休息的时候，就拿出书本来读。

日复一日，年复一年，皇甫谧持之以恒，终于成为当时最有学问的人之一。

后来，他得了风痹症，便开始悉心攻读医学，自己学着治病。他遍览医书，终于看到针灸可以治风痹症的记载。他仔细研究《内经·明堂孔穴》等书，并且在自己身上实践，细细地体会各个穴道、各种方法的效应，不但治好了自己的病，而且有许多新发现。在这个基础上，他广泛地搜集和整理过去的各种针灸资料，加上自己的体会心得，终于写成了《针灸甲乙经》。

周处除三害

西晋灭吴之后，王浑等有功将领，在建邺宫里大摆酒席，宴请投降过来的吴国旧臣。虽然同桌欢宴，但两国的大臣心情不同，西晋将领难掩占领者的骄傲情绪。其中，王浑趁着三分醉意，突然向吴国的旧臣说："诸位，吴国灭亡了，你们是否有某种忧虑的感觉？"这话含有强烈的挑战和讽刺意味，吴国的旧臣听了都不免惭愧地低下了头。

可是，吴国有一个官吏叫周处，他不甘示弱，立即回敬王浑说："汉末三国鼎立，群雄纷争，现在又恢复统一，要说高兴，大家都高兴，如果说到忧愁，魏国被晋灭亡在前，吴国被晋灭亡在后，亡国的忧郁我们吴国的旧臣固然有，难道魏国的旧臣就没有了吗？"

原来王浑是魏国的旧臣，司马氏夺了魏国政权后，他才做了西晋的将军，虽然是伐吴三路大军后路统领，但功劳远不如羊祜、王浚大，现在如此沾沾自喜，周处毫不客气地反唇相讥，弄得王浑自讨没趣。

说到周处，许多人都知道他"除三害"的故事。

据《世说新语·自新第十五》载：周处是义兴阳羡（今江苏宜

兴）人。父亲周鲂，是东吴的鄱阳太守，孙权在位时，曾诈降过魏国，死的时候，周处还很年少。周处长大成人后，臂力过人，加上性格蛮横，整天打架闹事。人们惹不起他，却躲得起他，只要他一出现在街上，大家纷纷逃跑。有的人家被他偷了鸡，毁了庄稼，也只好自认晦气，把怨恨放在心里。

那时候，义兴地处多山之地，常有猛虎下山伤害人和牲畜，附近的江河中有条蛟龙出没，常常袭击过往的船只和岸边的行人，当地老百姓把猛虎、蛟龙和周处合称为"三害"。"三害"之中，以周处的危害最大，他们祈求神灵，希望能早日除掉"三害"，保地方平安。

周处是当地人，猛虎和蛟龙的危害，他也是耳闻目睹过的。他是个性格直爽，争胜好强的人，他要凭着自己的本领去除掉猛虎和蛟龙。

一天清早，周处带把锋利的斧头，背着弓箭，朝南山上走去，去寻找那害人的猛虎，在树林里转悠了半天，也没找到猛虎。等他坐在一块大青石上稍事休息时，忽听到一声虎啸，一只猛虎向周处突然扑来，周处忙用利斧劈去，没有砍到要害。猛虎更加猖狂，将周处逼得步步后退。好个周处，并不畏惧，他倚着一棵大树做掩护，弯弓搭箭，一箭射中了猛虎的心窝，他就蹿上前去，骑在老虎身上，用利斧向它头部猛砍数十下，终于将猛虎杀死。

傍晚时分周处浑身鲜血，提着那柄锋刃已经残缺的斧头，拖着疲惫的身子，回到村里，他逢人便说："我把那猛虎杀了！"

人们用不信任的眼光看了他一下，赶紧回转家去，把门户紧紧闭上。

过了几天，周处的体力又恢复了，他腰间别了把锋利的匕首，又出发了。他在水中与蛟龙搏斗了三天三夜，一会儿在水面漂流，一会儿在水底格杀，漂浮了几十里路，蛟龙终于被周处杀死了，周处也满身是伤。

当时乡民们都以为周处与蛟龙同归于尽，一个个拍手称快："好了，'三害'全灭了，我们可以过安稳日子了。"

其实，周处并没有与蛟龙同归于尽，他精疲力竭地爬上岸来，在草丛里躺了几天，休养身体。他听见了乡民们在岸边的谈话，觉得非常纳闷。猛虎和蛟龙是两害，怎么会有"三害"，他自己不知道老百姓把他列入"三害"中最大的一害呢！

周处身体恢复后就向附近的一个老人打听，老人豁命大胆地说："你横行霸道，欺凌乡里，是地方上的最大的'害'。"

老人的话像重锤一样打在周处的心坎上，他想不到百姓竟如此痛恨他。一个人犯了众怒，活在世上还有什么意思？他下定决心，要痛改前非，除掉最后的"大害"。

该怎么做呢？周处就向陆机、陆云兄弟两人请教。两陆是吴郡（今江荔吴县）人，是名噪一时的有识之士。他来到吴郡，陆机不在家，见到弟弟陆云，周处就把自己的遭遇和心情向陆云诉说了一番，他说："我想改过自新，但年龄已大，恐怕成不了大事了！"

陆云勉励周处说："你还不到 30 岁，孔子说三十而立，你正是立业之时，孔子又说过早上懂得做人的道理，晚上死了也不算虚度此

七、严于自律：永不松懈的道德底线

生，何况你来日方长，一定会有远大前途的。况且人以不能立志为忧，又何必担心美好的名声不能显赫呢?"

从此，周处彻底变了，变成一个识大体、懂事理、讲道理、关心他人的正人君子。乡民们高兴地说："这里的'三害'都给周处除掉了!"

后来，周处从军打仗，英勇作战，立了很多战功，受到了奖励和提拔，他还做过新平太守，官至御史中丞。周处为官清正，敢于惩治贪官污吏，虽在官场上受到排挤，却赢得了百姓的信任。

周处改过自新，成为有坚定信仰的一代忠臣，直到今天，老百姓还纪念他，把他作为勇于改正错误、自律守正的榜样。

宰相宅第仅容一马

宋朝景德元年（公元 1004 年）七月，宰相李沆病逝，终年 58 岁。真宗闻知后，极为悲伤地哭着对左右说："沆为大臣，忠良纯厚，始终如一，岂意不享退寿。"

李沆（公元 947—1004 年），字太初，洺州肥乡（今属河北）人。宋太宗时历官通判、知制诰（掌管起草文书诏令的文官），因家中十分清贫，为养家糊口，借了别人不少债。真宗时，李沆升任同平章事。这时，他虽然俸禄多了，官做得大了，但他生活仍然十分俭朴。李沆为官谨慎缜密，每次上朝，他都将全国各地的水旱灾情以及骚扰，各地的盗贼情况，如实奏知皇帝，以便使皇帝警醒，能体恤民情。由于李沆为官奉公廉洁，所以一般无人敢因私事向他求情。

李沆做宰相后仍住在原来的宅子里，厅前十分狭窄，仅够一匹马转个身。身为宰相却居住这样的陋室，与身份不太相称，有人好心劝李沆重建一座宽敞、气派些的房子。李沆听后答道："居第当传子孙，此为宰相厅事诚隘，为太祝、奉礼厅事已宽矣。"

李沆虽然这样想，但他家里人却不然。家中房子小且不说又年久失修，所以墙壁破损，围墙颓败。李沆却不以为然，从不把此类事放在心上，他的夫人心中颇为不满。有一次，堂前的栏杆坏了，仆人请示要修理，李沆的夫人却告诉仆人先不要修理，且看李沆是什么态度。一个多月过去了，李沆每天都看到已经损坏的栏杆，可是却视而不见，一句也没提起此事。夫人忍不住只好直接问他，为什么看到栏杆坏了不管，李沆答道："岂可以此动吾一念哉！"

其实不仅是他的夫人，他全家人都觉得住宅太窄又破，有损于李沆的身份，一遍遍地劝他盖一所新居，他却从不理睬。李沆的弟弟有一次谈话时顺便提起此事，也劝兄长翻盖新居，李沆回答说："身食厚禄，时有横赐，计囊装亦可以治第，但念内典以此世界为缺陷，安德圆满如意，自求称足？今市新宅，须一年缮完，人生朝暮不可保，又岂能久居？巢林一枝，聊自足耳，安事丰屋哉。"一番话道出了李沆清雅高洁且又十分自律的本质，"巢林一枝，聊以自足"，成为后世传诵的名言。

章敞出使拒厚礼

明宣宗时，黎利成为掌握安南的实权人物。黎利希望能像陈氏一样，得到明朝廷的认可和册封。宣德六年（公元 1431 年）五月，黎利遣使向明朝廷谢罪，并请求册封。明宣宗同意了，并于六月派礼部侍郎章敞，同右通政徐琦"赍敕印命（黎）利权署安南国事"。

章敞，字尚文，会稽（今浙江绍兴）人。他历任庶吉士、刑部主事、刑部郎中、吏部郎中、礼部侍郎。在刑部主事任上，他处事明快而精确，昭雪了山西蒙冤者数百人。

章敞奉命出使到安南，黎利派人来询问，以何等礼节接待使者。章敞明确回答道："汝敬使者，所以尊朝廷。这还用得着问？"黎利听说后，立即以藩国君主见宗主国使者的礼节与章敞相见，黎利"趋拜下坐"，表示对朝廷的尊重。

黎利与章敞等相见后，便选派歌伎、美女，前去招待、侍候章敞。章敞静坐以待，且不动声色，维护了大国使臣的尊严。

册封黎利之后，章敞与使团启程回国。黎利为了表达自己对使者的敬意，便赠章敞以重礼。章敞拒而不受，原数退还。黎利以为这是使臣不便公开收礼，就让随章敞到明朝廷朝贡的安南使者把这些礼物带去，再赠送给章敞等人。章敞一行到了边关，章敞命令全部清点检查安南贡物，发现黎利转送到的物，章敞当即下令查封，交由关吏送还黎利。章敞清廉的作风以及他的坚守自律，深深感动了明朝和安南的使者。

黎利死后，其子黎麟嗣位，章敞再次奉使出使安南。黎麟又照父亲赠厚礼的样子，给章敞一份礼物，章敞亦照旧如数予以退还。

章敞两次出使安南，不为声色所动，拒受赠礼，廉洁奉公，克己自律，维护了国家的尊严，完成了朝廷的使命。章敞高尚的精神和廉明的作风，是他自律行为的具体体现。

"吊马张"一毫不多取

明朝成化年间，丹徒（今属江苏）著名学者杨一清馆中，每天都有一个卖油的青年，他来到这里，无心卖油，却总爱寻机会问这问那，与杨一清辩论今古。慢慢地人们都为这位青年执着著学的精神所感动。

这位青年名叫张举，栾城（今属河北）人，家中贫苦。张举贫而力学，自己背上些书籍，来到丹徒，以卖油为名，投到杨一清门下。

成化丁未年，张举应试考中了进士，授官户部主事。虽然做了官，但他那贫家少年的秉性不变，不久便又出了名。

张举被派去管理草场、仓场，是个有职有权的实差。按照当时的惯例，督收的太监们，每每准备美餐招待户部主管仓场的官员，部官们也给予通融，大家都有好处。可是张举却不受请，放着美味佳肴不去赴宴，自己带些菜果来吃，谈不上吃饱，仅免饥渴而已。这在当时实在是令人奇怪不解之事。张举平时出入仓场，骑的也是一匹蹇马，他又没钱给马吃好料，对草场、仓场的草料更是不去占一点便宜。事情传出去，人们便送了他个绰号，叫作"吊马张"。张举对此并不在意，仍是清廉自持，"吊马张"的名声也便愈来愈大了。

张举不仅自己清廉，而且为政甚勤，门官贪污索贿不成，自然叫苦不迭，甚至哭诉于司礼监。司礼监是明朝宦官二十四衙门之首，有御旨批红之权，满朝文武，没有不畏其权势的，可是听说是张举所为，也只好约束下属了。

张举后来出任岳州府（治今岳阳）知府，对属官要求甚严，岳州地傍洞庭，有岁办鲜贡之役。张举以岁额为限，一毫不多取，减轻了渔民负担，他自己则从未用过罗绮，食过鱼肉。

张举的这种性格和做法，在当时却很难为腐败的官场所容，因此他为官不长，便做不下去了。史书中说他："天资挺直，不能依违"，"上官积不能平，亦屡讪屏之"。张举因此而愤慨叹息道："张举亦男子，何至为富贵下人哉！"他决定辞官不做。

张举死后，人们收拾他的遗物，只有俸金数两和几件布衣。

八、治家有道：
家庭和睦的重要元素

一个家风的好坏，主要体现在对家庭的治理上。我们知道，家庭作为一个小集体或小单元，基本上由血缘关系组成，成员与成员之前视若至亲。作为家庭的每一个成员，都有义务为家庭和谐做出贡献，特别是一家之长，更要起到表率的作用。

孔子三字论治家

在孔子生活的春秋时代，家庭关系的主干是父子关系。因此，处理好父子关系，是孔子注意的重点。他认为，要做到"父父、子子"，就必须提倡"孝"。"孝"这个概念，在记录孔子言行的《论语》中提到过 19 次。其内容的核心是"敬"：

子游问孝，子曰："今之孝者，是谓能养。至于犬马，皆能有养；不敬，何以别乎？"

只是能赡养父母，还不能称为"孝"，不然，就与犬马无别。要做到"孝"，晚辈对长辈就得做到"无违"。

孟懿子问孝。子曰："无违。"樊迟御，子告之曰："孟孙问孝于我，我对曰'无违'。"

樊迟曰："何谓也？"子曰："生，事之以礼；死，葬之以礼，祭之以礼。"

在父母在世的时候，子女要"事之以礼"。其内涵丰富，要求极高。孔子认为，家中有事，晚辈去做；有吃的，先供给长辈等，都不能称为"孝"。要称得上"孝"，一定要在父母面前始终保持愉悦的表情；要"父母唯其疾之忧"；要时时刻刻都记住父母的年寿；要做到"父母在，不远游，游必有方"。

对父母有意见，晚辈也可以提出。提出意见的方式要轻微婉转，如不被采纳，仍然要保持恭敬，不得触犯父母。虽然难免会有意见，但不怨恨。

父母去世之后，子女仍然要"孝"。一是守丧三年，二是保持父母生前好的品行。

守丧三年，是不可马虎的。否则，就是"不仁"。孔子的学生宰我与孔子有一段针锋相对的对话：

宰我问："三年之丧，期已久矣。君子三年不为礼，礼必丧；三年不为乐，乐必崩。旧谷既没，新谷既升，钻燧改火，期间已矣。"

子曰："食夫稻，衣夫锦，于安安乎？"

曰："安。"

"女安，则为之！夫君子之居丧，食之不甘，闻乐不乐，居处不安，故不为也。今女安，则为之！"

宰我出。子曰："予（按：此为宰我之名）之不仁也！子生三年，然后免于父母之怀。夫三年之丧，天下之通丧也，予也有三年之爱于其父母乎！"

对已故父亲的好的品行，也要一直坚守。他说："父没，观其行；三年无改于父之道，可谓孝矣。"他认为这是最难做到的。所以，他称赞鲁国大夫孟献子的儿子孟庄了说："孟庄子之孝也，其他可能也；其不改父之臣与父之政，是难能也。"

和孝处于同等地位的，是"弟"（即"悌"，音义均同），指的是弟弟对兄长的正确态度。孔子主张兄弟之间要和睦相处。他告诫弟子说，要"入则孝，出则弟"。一个有修养的人，必须要做到"弟"：

子路问曰："何如斯可谓之士矣?"

子曰："切切偲偲，怡怡如也，可谓士矣。朋友切切偲偲，兄弟怡怡。"

孔子和他的弟子都十分重视"孝"和"弟"，把它视为维护社会制度、社会秩序的基本道德力量，同时也是个人内心修养的根本。他们认为：其为人也孝弟，而好犯上者，鲜矣；不好犯上，而好作乱者，未之有也。君子务本，本立而道生。孝弟也者，其为仁也本矣!

孔子也很重视邻里关系，认为居住的地方，要有仁德才好。他认为："里仁为美。择不处仁，焉得知（智）?"在自己的乡里，孔子十分恭顺，"恂恂如也，似不能言者"；在行乡饮酒之礼之后，要等老年人都出去了，自己才出去。对邻里，他很友善。有一次，孔子给自己家的总管小米，总管觉得给得太多而推辞。孔子说："毋!以与尔邻里乡党乎!"

在孔子看来，治家是治国的重要组成部分；治家，就是参政，就是治国。

或谓孔子曰："子悉不为政?"子曰："《书》云：'孝乎惟孝，友于兄弟，施于有政。'是亦为政，奚其为为政?"

不是非要做官才算参加政治，调整处理好家庭关系，并将这些原则用去影响、促进政治，这就是"为政"了。

孝敬父母，和睦兄弟，善待乡邻，就是孔子的治家之道。虽然，其中的一些内容，尤其在处理父母、子女之间关系方面，只有对晚辈的要求，而且不尽合理。但是，他把治家与治国联系起来，把治家看成是治国的不可分割的重要组成部分，以及他所主张的"孝"、"弟"、"仁"，仍然值得重视。

疏广不给子孙留财产

疏广（？—公元前 45 年），字仲翁，西汉东海兰陵（属于今山东省）人。他博览多通，尤精《春秋》，先在家乡开馆授课。由于学问渊深，四方学者不远千里而至。朝廷得知后，征调他去都城长安，任其为博士郎、太中大夫。地节三年，汉宣帝拜请他充当东宫皇太子的老师，为太子少傅，不久转迁为太子太傅。他的侄儿疏受，也以才华过人被征为太子家令，旋又升为太子少傅。从此，叔侄二人名显当朝，极受荣宠。

疏广是一位识大体、知进退的人。他对太子的辅导极其认真，教之以《论语》、《孝经》，晓之以礼义廉耻，希望太子日后能担当起治国平天下的重任。疏广任太傅五年，以年老体衰为由，奏请朝廷辞官回家。临行前，宣帝赏赐黄金 20 斤，皇太子赠以黄金 50 斤。其他公卿大臣，也分别馈送财物，并特意在京城的东郭门外设宴为他钱行。站在大道两旁观看的人们，见送行的车子便有数百辆，都感叹地称他为"贤大夫"。疏广真可谓是家私丰足、荣归故里。

但是，说也奇怪，疏广回到家乡以后，竟绝口不提购置良田美宅，而是将所得财物赈济乡党宗族，宴请过去的故旧亲朋。不仅如此，他还几次询问余剩钱财的数目，意思是要把这些财物都花得一文不剩。疏广的儿子们很想把钱留下来，可又不敢言语，只好私下请了几个平时与疏广要好的老人，希望他们能劝说疏广，及时建造房舍和购买田地，使子孙后代也有个依靠。几位老人觉得这些意见是对的，便在相聚时从中规劝疏广，要他多为儿孙们着想，置办家产。

疏广笑着说："你们以为我是个老糊涂，不把子孙后代的事情记挂在心吗？我的想法是：家里本来还有房舍和土地，只要子孙们勤劳节俭，努力经营，精打细算，维持普通人家的穿衣吃饭是不成问题的。"老人们还疑惑不解。

疏广接着说："如果现在忙于为子孙后代买地盖房，子孙们饭来张口，衣来伸手，不愁吃，不愁穿，反而会使儿孙们懒惰懈怠，不求上进。一个人要是腰缠万贯，家中富足，贤能的容易丧失志向，愚笨的则变得更加蠢陋。再说，钱多了还容易招人怨恨。我过去忙于国事，对子孙的教育不够，如今不为儿孙们置办产业，正是希望他们能够自力更生，克勤克俭，这也是爱护和教育儿孙的一个好办法啊！"于是，老人们被说服，再也不为他的子孙们去说情了。

疏广对待子孙后代，务在劳其筋骨，苦其心志，避免使他们成为好逸恶劳的纨绔子弟，表面看来似乎不近情理，但其用心是何其良苦，此种治家之道又是何其明智啊！

谢弘微替叔管家

东晋末年，屡迁尚书左仆射的谢混，由于反对专权的刘裕而被逼自杀了。他的妻子，原是晋孝武帝司马曜的女儿，即晋陵公主，也被逼要与谢家断绝关系，回娘家居住。晋陵公主虽然不愿离开谢家，无奈刘裕假借皇上的诏令催逼她，只好将家事交给侄子谢弘微料理。

谢弘微（公元 391—433 年），名密，祖籍陈郡阳夏（今河南太康）。他过继给本族谢混之兄谢峻为子。谢混是丞相谢安的嫡孙，父亲谢琰也是副丞相，因而家产十分丰厚，有十几处大庄园，童仆上千人，但只有两个年龄还小的女儿。谢弘微接管这份家产时，人们都羡慕他，又忌妒他，认为他是喜从天降，不消说侵吞部分家私，就是挪用少许财宝，也足够子孙后代享用几辈了。

谢弘微可不是见钱眼开的人。早在他承袭继父的爵位封为建昌县侯时，对于财产便很淡漠，也只是在意继父留下的几千卷书籍。叔父谢混十分赏识他，对他的生身父亲说："这个孩子生性敏慧，知书识礼，如果我有这样的儿子，就满足了。"他在接管叔父的家产后，并不因婶母回娘家而稍存私心，而是兢兢业业地精心料理。甚至一个小钱、一尺布帛的收支项目，都记入账目。他本人的衣食费用，全由自己家中支付。如此几年，叔父的家产比以前更丰厚了。

永初元年（公元 420 年），刘裕篡晋建宋，是为武帝。宋武帝要封自己的女儿为公主，将谢弘微的婶母晋陵公主降号为东乡君，允许她重新回到谢家。这天，婶母坐着车子回到阔别 9 年的家，但见房舍比栉，楼阁翻新，粮米充栋，牛羊遍野，不由得叹息着说："他叔叔活着的时候，就很看重弘微这个孩子，真是没有看错啊！"不多时，谢弘微拜见过婶母，双手捧上九大本厚厚的账簿，请婶母过目。亲戚诸朋见此情景，都感动得流下了热泪。

谢弘微回转自己家里以后，早晚还过来看望婶母，帮助管理家务。他曾出仕为黄门侍郎、尚书吏部郎和右卫将军，俸禄优厚，但他穿着极为朴素，吃的菜肴也很平常，但由于他擅长烹调，味道鲜美，连皇上都觉得好吃。

又过了几年，婶母东乡君去世。同宗的亲人们都认为："谢家的家产，凡是动产诸如金钱、玉帛、债券等，都归叔父谢混的两个女儿，凡是不动产诸如房屋、楼台、土地以及童仆应归谢弘微所有。"但他一无所取，还用自家的钱安葬了婶母。

八、治家有道：家庭和睦的重要元素

穆宁一家和睦

穆宁，怀州河内（今河南武陟西南）人。他全家上自父亲、家姐，下至四个儿子之间，都是和和睦睦，相亲相爱，堪称一代好家庭。

穆宁的父亲穆元休是个很有学问且名望很高的读书人，曾向唐玄宗献书，擢为偃师丞。穆宁本人性刚正，讲气节，初任盐山县尉。安禄山、史思明叛乱时，他虽然官职卑微，但募兵拒敌，先是斩杀被安禄山封为景城守的刘道玄，后又拒绝史思明要他出任东光令。当他知道平原太守颜真卿决心御敌时，便将全家老小拜托舅舅照顾，自己只身去见颜真卿。他说："我已无所顾虑了，杀身成仁，舍生取义，情愿听凭大人调遣，赴汤蹈火，虽死无怨。"颜真卿大喜，委任他为河北采访支使。从此，他积极配合各路官军，奔走于河北、徐州、鄂州等地，屡立战功。

安史之乱平定之后，穆宁官至监察御史、和州刺史和秘书监。他政绩卓然，治家严谨，对于守寡的姐姐，服侍极为恭敬。为了教育穆赞、穆质、穆员、穆赏等儿子们，他依据先贤的教谕，写成一部家书，要儿子们各抄写一本，时常温习。他对孩子们说："古代品德高尚的君子，在侍奉双亲时，不只是衣食住行，最主要的是使自己成为忠贞正直的人。如果没有大志，走的是歪门邪道，即使是山珍海味孝敬我，那也不是我的儿子呀！"

由于穆宁治家谨严，教以忠孝之道，为人之方，所以孩子们后来都很有出息：大儿子穆赞官至侍御史、宣歙观察使；二儿子穆质官至给事中、开州刺史；三儿子穆员官至东都佐史；四儿子穆赏官职不明，但他刚正廉明，亦大有父风。

在他们兄弟之间，恪守父亲穆宁制定的家令，友爱至笃，和睦相处，亲戚朋友羡慕他们，乡党邻里称颂他们，说他们兄弟就像一件件珍贵的食品：穆赞是"酪"，甜美可口；穆质是"酥"，又松又脆；穆员是"醍醐"，甘醇馥郁；穆赏是"乳腐"，余香芬芳。

穆宁一家，在当时被赞誉为模范家庭。遗憾的是他所撰写的家令，今已失佚不传，但是他严谨治家的作风却为后人树立了很好的榜样。

柳氏家法

柳公绰，字宽，小字起之，京兆华原（今陕西耀县）人。他自幼聪敏好学。唐德宗贞元元年（公元785年），参加制举考试，中贤良方正、直言极谏，被授以秘书省校书郎的官职。贞元四年（公元788年）再次参加科举，又中贤良方正科，授渭南（今陕西渭南）县尉。此后，从地方官的州刺史、京兆尹，辗转至刑部尚书、节度使、兵部尚书等职。

柳公绰生性谨严庄重，一举一动都要遵循礼法。他家藏书上千卷，但从来"不读非圣之书"。写文章也不尚浮华轻靡，文风质朴敦厚。他天性仁孝，母亲崔夫人死后，他为了给母亲尽孝，三年不沐浴。他侍奉继母薛氏30年，对她十分恭敬孝顺，连一些亲戚都不知道他不是薛氏亲生的。

柳公绰治家很严，其子孙也都能接受教诲，因而形成了良好的家风。

他的儿子柳仲郢（生卒年不详），字谕蒙，元和十三年（公元818年）考中进士，被任命为秘书省校书郎。此后历任户部侍郎、吏部侍郎、兵部侍郎、诸道盐铁转运使和兵部尚书、天平军节度观察使等职。

柳仲郢有其父亲的风范，一举一动都注意是否合乎礼法。经常以礼法自持，注意举止有礼，衣冠整洁。即使在家里见客也总是拱手致礼，在家中的书房也总是束着大带。唐后期，地方官的收入高于朝官，作为封疆大吏的节度使更是收入颇丰。当时许多节度使生活豪奢，骏马成群，歌伎罗列，衣服熏香。而柳仲郢虽然三次担任大镇节度使，但却为政清廉，生活很俭朴，马棚中没有名马，衣服上也不熏香。他处理完公务，常常是展卷读书，通宵达旦。

柳仲郢的儿子柳玭（生卒年不详），曾参加明经举考试，被授以秘书正字的官职。后历任右补阙、洛潞节度副使、殿中侍御史、刑部员外郎、广州节度副使、给事中、御史大夫等职。

柳玭虽然出身名门，历任要职，但却严于律己，而且注意教育子弟。他曾总结柳氏家法，著书告诫其子弟。要求他们严于律己，说道：夫门地高者，可畏不可恃。可畏者，立身行己，一事有坠先训，则罪大于他人。虽生可以苟取名位，死何以见祖先于地下？不可恃者，门高则自骄，族盛则人之所嫉。实艺懿行，人未必信，纤瑕微累，十手争指矣。所以承世胄者，修己不得不恳，为学不得不坚。在书中，他还总结柳氏家法，告诫其子弟要力戒"自求安逸，靡甘淡泊，苟利于己，不恤人言"；"不知儒术，不悦古道"；"胜己者厌之，佞己者悦之"；"崇好慢游，躭嗜曲蘖，以衔杯为高致，以勤事为俗流"；"急于名宦，眶近权要"等五大过失。

由于柳氏祖孙数代都能恪守礼法，清廉正直，家风良好，因而当时讲论家法者，都一致推崇柳氏。

三相张家

唐朝时期，洛阳称为东都。在东都王城以南的永桥附近，有一条叫思顺里的胡同。那里，有一幢豪华的张宅，人称"三相张家"。

"三相张家"指的是：唐玄宗时的中书令张嘉贞（公元665—729年），以及他的儿子张延赏、孙子张弘靖。由于他们子孙三代均位至宰相，张宅自然就成为"三相张家"了。

据史书上说，张嘉贞的先辈本居于范阳（治今河北涞水）。在他曾祖父时，移居于蒲州猗氏（今山西临猗）。只是到了张嘉贞出任宰相以后，才定居于今洛阳城外的。

涨嘉贞在武则天当朝期间，以精通《诗》、《书》、《礼》、《易》、《春秋》为武则天赏识，屡迁为中书舍人。及至唐玄宗时，他以平定突厥族内乱的军功，擢升为天兵军大使。唐玄宗赞赏他文武双全，认为他有宰相的才干，不仅爱称他为弟弟，还在东都为他建造一幢住宅。这就是人称"三相张家"的张宅。

开元八年（公元720年），张嘉贞进位中书令，与张说、源乾曜同为宰相。这时他已58岁，儿子张延赏却尚未成人，有人见他身居高位，劝他乘机购置土地田园，为子孙后代的生活早作安排。他说："我身居宰相，日常的生活费用毫无问题，哪里会有饥寒的忧虑呢？如果有一天被撤去职务，纵然田连千顷，家富万金，也是保不住的。"他又认为，富贵人家的子孙往往容易无所作为，不能奋发图强，皆是由于平日娇生惯养，好逸恶劳。为此，他深有感触地说："近些时期以来，有不少官员都在买田买地，扩建住宅，为的是给子孙留下丰厚的遗产，让他们能过上好日子。实际上，这些财产只是使子孙坐享其成，随便挥霍，成为不肖子孙，我可不能这样做啊！"

张嘉贞的儿子延赏，秉承父亲遗志，年轻时博涉经史，明确当官旨在忠于朝廷，造福百姓。因此，他不管职务高低，在任上皆以清廉敦谨著称。如他在出任淮南节度使期间，适逢大旱，老百姓四散逃亡，属吏们派出兵卒四处拦截他们。张延赏却不赞成这种做法，他教育属吏们说："民以食为天，有吃的，人才能生存，如果将他们拘留在境内坐待死亡，还不如让他们到别处去谋生。就是最后只剩下咱们几个人，又怎么可以限制他们离开淮南呢？"于是，他一面传令属吏们准备船只，护送难民们到扬州、瓜步等地去谋生；一面免去难民们所欠的税钱，还拨出专款进行救济，为他们修葺房舍。一时之间，难民们逃而复归，连同外地的难民们也闻风移居于淮南。在张延赏的努力带领下，大家终于战胜了自然灾害，因而路有政声，民颂其爱，受到朝廷嘉奖。

张嘉贞的孙子弘靖，在居相位期间也能做到清廉自守，生活俭朴。他的儿子次宗，后来亦官至国子博士，除教授经书以外，在史学编纂方面也做出了成绩。

张氏三代都出宰相，原因是多方面的。其中的一个要素，就是以诗书礼仪以及勤俭奋发的美德传家，而不是以丰富的财产遗留给子孙。

李光进兄弟友善

李光进（公元751—815年）、李光颜（公元762—826年）兄弟二人，原居河曲（今青海东南黄河曲流处），后迁居太原（今山西太原晋源镇）。

李光进历任朔方军裨将、渭北节度使、灵武节度使等职，封武威郡王。李光颜历任河东军裨将、忠武军节度使、凤翔节度使、河东节度使等职。他们都曾参加唐王朝平定安史之乱及其后与藩镇之间的多次战争，李光颜还曾率军与入侵的吐蕃军队血战。兄弟二人都以勇健果敢、能骑善射、勇冠三军而闻名。他们原姓阿跌氏，因屡立战功，唐朝皇帝赐他们姓李，与皇室同姓，以示荣宠。

唐中后期，不少武将居功恃宠，骄横跋扈。不仅在外"嫉文吏如仇雠"，"视农夫如草芥"，就是在家里也是互不服气，你争我夺，父子反目，兄弟相残的事屡见不鲜。而李氏兄弟虽然在战场上都是搴旗斩将，出入如飞，使敌人闻风丧胆的勇将，但是在家庭生活方面却以孝敬母亲，互相谦让友爱而深受当时人称道。

他们对母亲十分孝顺。母亲死后，他们为母亲服丧，三年不归寝室，以表示对母亲的哀悼思念。

他们兄弟之间关系融洽，十分友善。弟弟李光颜先娶妻。当时他们的母亲还健在，老母亲把家事交给李光颜的妻子，让她主持家务。老母亲死后，李光进也娶了妻子。此时，李光颜为表示对兄嫂的尊重，让自己的妻子清点、登记家中的财产，将钥匙交给嫂子。李光进却又让自己的妻子把钥匙交还给弟妹。他对李光颜说："虽然我是兄长，但弟妹自初侍奉母亲时起，就由母亲让她主持家务，现已多年，不能因我娶了妻子，就改变母亲当年的安排。此事不能改变。"此时，兄弟俩都被对方的诚挚、友爱所感动，于是互相拉着手，泪流满面。最后他们商定仍按母亲生前的安排，继续由李光颜的妻子主持家务。由此事便可看出李光进兄弟间的谦让友善以及一家上下一派祥和的风气。

牛弘以和气治家

牛弘（公元545—610年），本姓裛，字里仁，安定鹑觚（今甘肃灵台）人。隋朝时，任吏部尚书，牛弘以好学博闻、心性宽和闻名于世。史书中称他为"大雅君子"。《隋书·牛弘传》中记载了他劝诫妻子，止息家庭纠纷的一件事。

牛弘的弟弟牛弼，好喝酒，经常酗酒闹事。有一次，牛弼喝醉了酒，耍起酒疯，张弓搭箭，射死了家里的一头牛，恰好这头牛是牛弘上朝驾车用的。这件事显然是牛弼这个当弟弟的做得太过分了。牛弘的妻子心里很不高兴，但是身为嫂嫂，又不好当面发作。牛弘从外面回到家，妻子便迎上来说："弟弟喝醉了酒，把你驾车的牛射死了。"牛弘听了，并不追问，只是说："将牛肉做成肉脯吧。"妻子一时接不上话茬儿，只好去做其他事去了。毕竟是一头牛，怎么能说杀就杀呢？妻子的心里一直别扭着，等忙完了手里的活计后，又提醒牛弘说："弟弟竟然把牛射死了，你说怪不怪？"牛弘就像不开窍一样，说："剩下的肉做汤好了。"妻子又没接卜话。过了一会儿，妻子又唠叨起这件事，牛弘这才说："我已经知道了。"说完便依旧埋头看书，脸色像平时一样温和，一点也没有生气的样子。妻子见丈夫这样宽宏友爱，意识到自己心胸确实狭窄了一点儿，感到很惭愧，再也不提杀牛的事了。从此牛弘的家里一片和气，听不到任何闲言碎语了。

　　天下最难澄清的事，要算是家庭内部的纠纷了。过于较真儿，会伤了和气；单单为了制止闲言，对告状的人横加呵斥，又容易伤害他人的自尊心，进而加深嫌怨。对于牛弘来说，规劝弟弟，不是不可以，但在弟弟做了错事，尤其是损害了兄长的利益之后，马上教导，会让弟弟感到兄长是在报复自己，势必引起误会。对妻子两次三番的诉说，牛弘采取了冷处理的态度，用自己的宽和，淡化了矛盾，使妻子对自己息事宁人的用心有所感悟，从内心深处消除了亲人之间的隔阂。

"全德元老"王旦

宋朝时有位官吏，历官参知政事、宰相。他虽身居高位，但为官始终是清正廉明。死后，当朝仁宗皇帝为其篆写碑额是"全德元老之碑"。他就是宋朝名臣王旦。

所谓"全德元老"就是说他是个十全十美的元老旧臣。说王旦十全十美，可能有些过誉了，但是观其生平，也确实堪称全德。

王旦（公元957—1017年），字子明，大名莘县人。王旦为官清廉，秉公执法，在他担任宰相时，家中经常宾客满堂，但却没有一个人敢以私事向他求情。王旦身居高位，平素穿戴使用的东西，一律从简，从不讲究华贵，十分朴素。

有一次，一个卖玉带的人在他家门口叫卖，王旦的弟弟觉得玉带的成色不错，便拿进来给王旦看，其意是想让兄长买下来。王旦明白弟弟的心思后，便把玉带递给弟弟，让他将玉带系腰上。王旦的弟弟依言系好，王旦便问弟弟："还见佳否？"弟弟回答说："系之安得自见？"王旦接着说道："自负重而使观者称好，无乃劳乎？"马上叫弟弟把玉带还给了卖货的商人。

　　王旦在生活上，从不讲究吃、穿、用，他不仅自己一贯如此，还时时教育家人要生活俭朴。王旦一生不置办田产宅院，这对一个身为宰相的人来说实属少见。他常对家里人说："子孙当各念自立，何必田宅，徒使争财为不义尔。"后来，真宗皇帝了解到了王旦的房子十分简陋，打算拨出公款，为他建造新宅。这对有些人来说是受宠若惊，而王旦知道后，推辞道："先人旧庐，乃止。"意思是祖上传下的房子，作为后辈，怎能妄加拆毁呢？他婉言谢绝了真宗的好意。

　　王旦重病，告诫子孙们说："我家盛名清德，当务俭素，保守门风，不得事于泰侈，勿为厚葬以金宝置柩中。"这件事让真宗皇帝知道了，他感慨赞叹，随即亲自到王旦家中探视他的病情，并赏赐给他白金5000两。真宗走后，王旦上奏请求皇帝收回赏赐，并让家人将白金全部送回宫中。

　　王旦在生命的最后一刻，留下了"益惧多藏，况无所用，见欲散施，以咎殃"这样一句话。

　　多藏非福，广施去祸，这其中虽有天道思想，其立意却堪称高洁，王旦不愧是位德高望重的元老。那块"全德元老"碑，是他一生的写照，可谓当之无愧。

曾国藩不堕家风

曾国藩（公元1811—1872年），字伯涵，号涤生，湖南湘乡县人。历任两江总督，直隶总督，权缩四省。他虽然身居高位，手握军国大权，一生却俭约自守，并勉励家人保持寒素的家风。

曾国藩的曾祖父曾制定的治家信条是八个字："早、持、考、宝、书、蔬、猪、鱼。"前四个的意思是早起、打扫清洁、诚修祭祀和善待亲邻；后四个字是读书、种菜、养猪、饲鱼之意。

曾国藩从小对祖辈的俭朴家规信守不渝。他在给长子曾纪泽的信中说：余服官30年，不敢稍染官宦气息，饮食起居，尚守寒素家风，极俭可也，略丰亦可，大丰则我不敢也。凡仕宦之家，由俭入奢易，由奢返俭难。尔尚年幼，切不可贪爱奢华，不可习惯懒惰。

曾国藩为了家中子弟能达到戒骄奢倦怠、尚勤俭劳苦的境界，还亲自制定了一套尚俭课目。课目规定男子"看、读、写、作"，女子则为"衣、食、粗、细"。他在南京担任总督期间，他的夫人和儿媳妇每日纺纱织麻不辍。

曾国藩为官几十年，始终穿着布衣布袜。他在30岁时，曾做过一件青缎马褂，唯有遇到庆典和春节时才穿上。所以几十年后，这件衣服还如新的一样。

曾国藩和三弟曾国荃，一人为总督，一人为巡抚。家中人客子逊逐渐增多，原来的房屋稍嫌拥挤。九弟花去 3000 串钱，新建一座房子。这事让曾国藩得知后，他当即写信责骂弟弟道："新屋搬进容易搬出难，我此生盟誓永不住新屋。"

果真，曾国藩到死也没有踏进过新屋一步。病故时，仍然在两江总督的简朴寓所。

曾国藩自奉刻苦俭约，又勉励亲属不要堕落家风，这在晚清着实可谓励习俗而风末世了。

九、精忠报国：
铸就生命的高尚情怀

　　爱国是一种高尚的思想境界和精神动力。中华民族在 5000 年的发展过程中，形成了以爱国主义为核心的价值观。在中国的发展史中，涌现出无数的爱国志士，他们在国家出现危难时，挺身而出，谱写出壮怀激烈的篇章。这种行为是对家风的最好诠释，因为他们知道"国"是"家"的港湾，没有国何以谈家！

弦高犒师

春秋后期，地处西陲的秦国开始强大起来。国君秦穆公是一位有雄心的人，他一面积极西进，开拓少数民族居住的戎、狄地区；一面图谋东出，兼并邻近的郑国（今属河南）和滑国（今属河南），逐步实现称霸中原的愿望。秦穆公为了达到此目的，以帮助郑国设防的名义，派出杞子、逢孙和杨孙三人领兵进驻郑国。郑国了解秦国的企图，无奈国小兵微，身边又有强敌晋国，只好忍气吞声，在秦、晋两个大国夹缝中苟且偷安罢了。

当时的周天子，名为万乘之尊，实是形同虚设。天子所能控制的地区，不过是京城洛邑（今河南洛阳）而已。周襄王二十四年（公元前 628 年）冬天，进驻郑国的秦国军官杞子派人向秦穆公报告说："郑国国都北门的钥匙已控制在我手里，如果暗中发兵偷袭，径直走北门，占领郑国国都就易如反掌了。"秦穆公大喜过望，他不顾蹇叔等几个大臣的劝阻，于转年春天派孟明视、白乙丙等人出兵郑国。

郑国有个商人弦高，平日里干的是贩牛买卖，往来于郑国、滑国和京城洛邑等地。这天，当弦高赶着牛群进入滑国境内时，突然发现一队又一队的秦军继续往南进发。弦高心里一怔：秦军再往南走，就要进入自己国家的国境，莫不是秦军要偷袭自己的国家？经过打听，果然不出所料。于是，他急中生智，连忙从行囊里拿出四张熟牛皮去给秦军军官送礼，要求面见秦军统帅孟明视。接着，他换上一身崭新的衣服，吩咐随从牵着12头牛送到秦军营地。弦高见到孟明视统帅和西乞术、白乙丙等几位将军以后，坦然地说："郑国国君听说贵国大军要经过敝国，先派我冒昧地前来犒劳大军。我们郑国虽然财力薄弱，但也还是能够为大军提供给养和承担保卫工作的。"孟明视吃了一惊，心想不好，郑国已做好迎战的准备了。他表面上很是高兴，接受了弦高犒劳秦军的礼物。就在这时，弦高已另外派人跑回郑国去报告秦军将要入境的消息。

即位才几个月的郑国国君穆公，突然接到弦高的报告，吃惊不小。他想：弦高是一个普普通通的贩牛商人，火速送来消息，不可能是假的。为了摸清情况，郑穆公悄悄派人到舍馆里去打探动静，发现杞子、逢孙他们的部下，正在喂战马和擦刀枪。于是，郑穆公当即派大臣皇武子去到舍馆，面容严肃地对杞子他们说："尊敬的贵宾们，你们来敝国已一年多了，我们再也拿不出什么好吃的东西招待你们了。秦国有的是猎场和麋鹿，请你们马上离开敝国吧！"杞子他们听到这些软中带硬的话，知道事情已经败露，连忙打点行装溜走，杞子逃到齐国，逢孙、杨孙则逃奔宋国。

再说秦军统帅孟明视，自从弦高犒师以后，便也不敢轻易南进。他又等了几天，也不见杞子他们派人来接应，推测郑国已有准备，连忙传令撤兵。秦军路过滑国时，灭掉滑国。但却在崤山（今河南境内）遭到晋军伏击，大败而回。又过了两年，郑、晋两国联兵伐秦，秦军再次失败，郑国转危为安了。

弦高是一个商人，在国家危急关头，情愿舍去自己的家财，用12头牛去犒劳秦师，使国家避免了一场灾难。这种舍家为国的精神，不正是高尚的爱国主义情怀，不也正是值得我们借鉴学习的吗？

蔺相如临危不惧

战国时代，随着秦国的强大，其称霸天下的野心也越来越大。赵惠文王二十年（公元前 279 年），秦昭王邀请赵惠文王到渑池（今河南省渑池县西）相会。

赵惠文王害怕秦国人居心叵测，本不想赴约，可大臣蔺相如和廉颇都认为："如果赵王不赴秦王之约，就等于向秦国认输，从而也就失去了在列国中的大国地位。"所以坚决要求赵惠文王赴约。

赵惠文王无可奈何，只好在蔺相如等人的陪护下如约前往。为了防止意外，廉颇辅佐太子留守国内，平原君率领数万人马，先行到渑池附近接应。大将李牧率领 5000 精兵跟随赵惠文王保驾。

廉颇护送赵王到赵国边界分手时，对赵惠文王说："大王此次远行，一般来讲不会超过 30 天。如果 30 天内大王还不回国，臣等请求立太子为王，以断绝秦国人的贪婪之心。"

赵惠文王听到这里，不由得两眼含泪，只是哽咽着点点头。

到了渑池，秦赵两国国君相聚畅饮。

秦昭王喝到酒兴正浓时，便想趁着酒劲戏耍赵惠文王一番，就说道："我曾听人说赵王十分喜爱音乐，而且很有造诣。那就请赵王给大家演奏一首，以助酒兴。"

赵惠文王这时也被酒精灌得有些忘乎所以，听秦昭王夸自己的技艺，不禁有点飘飘然，连忙下令手下人递过瑟来，随心所欲地演奏了一番。果然是一把好手，获得满堂喝彩。

正当大家赞不绝口的时候，秦国御史走上前来，手中拿着刚刚记下的史书，大声朗读给大家听："某年某月某日，秦王与赵王相聚饮酒，秦王令赵王为大家演奏瑟乐。"

宴会的气氛一下子凝重起来。赵惠文王傻眼了，只觉得满脸发热，却说不出一句话来。

突然，蔺相如猛地站了起来，掂起身边的一个瓦罐，三步并作两步，走到秦昭王面前，双目怒睁，对秦昭王说道："赵王也曾经听人说，秦王特别擅长演奏秦国的音乐，也请秦王为大家演奏一段秦国的音乐，让各位开开眼界。"

秦昭王正在暗自庆祝终于狠狠地耍玩了赵王一回，没料想这个蔺相如又出来扫兴。他狠狠地瞪了蔺相如一眼，想以威慑的力量把他吓回去。

这次秦昭王又失算了，蔺相如连死都不害怕，还怕这种威慑吗？只见他两眼直瞪着秦昭王，一字一顿地说："臣下离大王只五步远，如果大王不答应赵王的要求，臣下便撞死在大王脚下，让鲜血溅大王一身。"

秦昭王左右的武士见状，挥起刀剑欲砍向蔺相如。蔺相如回眼一瞪，吓得他们都直倒退。

秦昭王虽然感到难堪，却也无可奈何。他只好接过身旁人递过来的木槌，在瓦罐上敲一下。

蔺相如闻声立即起身退下，召来赵国的史官，口授史文，让其录下："某年某月某日，秦王为赵王击罐。"

秦昭王看到不仅没有侮辱成赵王，自己反而被羞辱了一番，心中大为恼怒，可又无处可以发泄。这时，秦昭王的随从中有人高声嚷道："请赵国献出15座城作为送给秦王的礼物。"

蔺相如也不客气，立即高声说道："当然可以。不过，得先请秦王把都城咸阳送给赵王当礼物才行。"

秦昭王看到一时斗不过赵国君臣，况且又得知赵国的大军就在渑池附近，事情如果闹僵了，未必对自己有好处，便连忙喝止群臣。

渑池会结束后，由于蔺相如功劳大，被封为上卿。而这一事件，不仅反映了蔺相如的临危不惧，也是他爱国情怀的很好展现。

霍去病为国忘家

　　霍去病（公元前 140—前 117 年），河东平阳（今山西临汾西南）人。他的父亲霍仲孺、母亲卫少儿都是平阳公主（汉武帝胞姐）家的奴仆。姨母卫子夫也是奴仆，由于长得漂亮，在一个偶然的机遇里被汉武帝看中，纳入宫廷。

　　汉武帝刘彻是一位有为的君主，他决心改变高祖刘邦和文帝刘恒、景帝刘启时对匈奴的"和亲"政策，多次派兵反击匈奴。元朔六年（公元前 123 年），年仅 17 岁的霍去病向武帝请求，要随舅舅卫青出征匈奴。汉武帝十分欣赏这种雄心勃勃的精神，任命他为嫖姚校尉，特意嘱咐卫青挑出 800 骑兵由他率领。在战斗中，霍去病果然不负厚望，连战皆捷，攻无不克，又乘夜偷袭敌营，斩杀了匈奴单于的叔祖籍若侯产，活捉了单于的叔父罗姑比和匈奴的相国。军队凯旋京城后，汉武帝大声地笑着说："你年纪轻轻的，一上战场便像猛虎，勇冠三军，我封你做冠军侯吧！"

　　此后四年间，霍去病又曾两次出征：一次在元狩二年（公元前 121 年），他被任为骠骑将军，率兵万人越过焉支山（今甘肃永昌西）

1000 多里，歼灭匈奴军 8900 人，缴获了匈奴休屠王用于祭天的金人，迫使匈奴浑邪王降汉，随他来降的人多达 4 万。经过这次战斗，汉武帝夺回河西走廊的计划得以实现，设立了酒泉、武威、张掖、敦煌四郡。汉武帝嘉奖他，加封食邑 2000 户。另一次在元狩四年（公元前 119 年），他领兵 5 万，翻过离侯山，越过弓间河，一直打到翰海才班师回朝。这次战斗，时间长达数月，歼敌 7 万，俘获王、将军、相国、都尉等文武官员 83 人。至此，匈奴的威胁基本解除。

在整个反击战中，霍去病厥功至伟，汉武帝不仅加封他食邑 5800 户，升迁为大司马，还特意为他修建了一座豪华住宅。霍去病回朝以后，汉武帝要他去看新的住宅。他说："匈奴不灭，无以家为也。"意思是说，当今匈奴还没有彻底消灭，我不能够就为自己家庭私事打算。这种为国忘家、为公去私的精神，使霍去病在满朝文武的心目中，享有极大的声誉。

令人惋惜的是，霍去病在回朝两年后病逝了，这年他只有 24 岁。汉武帝悲痛欲绝，全国百姓涕泪滂沱。为了纪念他的丰功伟业，为了褒奖他的献身精神，汉武帝特意在为自己修建的坟墓茂陵（今陕西兴平县境）旁边，为他建造了一座坟墓。在坟墓四周，摆放着许多精雕细刻的各种石像。

如今，事隔 2000 多年，霍去病墓和部分石像，仍然雄伟地屹立着。他的壮语豪言"匈奴不灭，无以家为"八个大字，将永不褪色，激励着一代又一代的有志青年。

段匹磾誓死不叛国

段匹磾，鲜卑人，其父务勿尘因功被西晋朝廷封为辽西公，晋怀帝即位，段匹磾深感晋朝廷之恩，誓死效忠晋王朝。父亲去世后，其兄疾陆眷继位为单于。段匹磾率部鲜卑协助西晋军队，不断同匈奴族前赵政权的大将石勒作战。

由于石勒势力强大，西晋乐陵（在今山东滨民东北）太守邵续父子都归降石勒。这时，段匹磾为幽州（治所蓟县，今北京）刺史，他写书信，以大义相劝，要邵续归晋，拥戴司马睿。邵续见信后，深受感动，他不顾自己儿子被石勒杀害，归顺了晋朝廷。建武六年（公元317年）六月，段匹磾同晋司空、并州（治所晋阳，在今山西太原西南）刺史刘琨、邵续等180人上表司马睿继承皇帝之位，以中兴晋朝。

面对前赵石勒强大凶悍的军事力量，拥戴晋王朝的各支武装力量，决定联合对抗石勒。于是刘琨、段匹磾、段疾陆眷等结盟，段匹磾推刘琨为大都督，以盟主身份统一领导对石勒作战。

不久，段疾陆眷因病去世，段匹磾由刘琨世子刘群陪同前往奔丧。段匹磾之叔涉复辰、从弟末波，在抗击石勒的过程中，常常动摇，因此段匹磾准备自任首领，以便更好地为晋王朝效力。末波得知段匹磾的打算，为了实现自己当单于的野心，便以兵迎击段匹磾，俘获了刘群，末波又杀死涉复辰，自立为单于。

末波为消灭段匹磾，彻底除掉与自己争夺单于位的对手，便阴谋同刘琨联手。末波首先礼遇被俘的刘群，并引诱刘群，许以其父刘琨为幽州刺史，条件是刘琨为内应，联合攻击段匹磾。刘群答应了末波的要求，并写信给刘琨。段匹磾截获了送信的使者和信函，他没有冷静认真地分析，上了末波的当，以为刘琨真要害自己，便杀死了刘琨，并攻占了并州，致使"晋人离散"。联合被破坏了，段匹磾的力量也变得孤单了，不仅要对抗石勒，还要防备末波，段匹磾难以支持，便去投靠邵续。

末波率军进攻，段匹磾被打败，并受了伤。但他对晋王朝的忠诚始终没有动摇，决心继续同叛晋的末波斗争。段匹磾对邵续说："我们的国家现在正遭受前所未有的灾难，但我希望我们能够同仇敌忾，以报答昔日君王对我们的恩赐。"曾受到段匹磾以忠国大义相激励的邵续回答道："你德高望重，今天遇到难处，我一定和你站在一起，共同抗击来犯之敌。"于是两人合力与末波作战。

当邵续兵败被俘之后，石勒之子石虎率兵包围了乐陵。文鸯率壮士数十骑出城杀敌，斩杀敌兵至多，后马乏，伏而不起，石虎前来劝降，文鸯怒骂，表示誓死不降。他下马步战，槊折，又用刀，最后被俘。见骁勇的弟弟被俘，段匹磾知道，孤城难抗石虎大军，决定单骑回晋朝廷，邵续之弟邵洎以兵拦阻，并准备把东晋朝廷的使者捆送给石虎。段匹磾正言斥责邵洎道："卿不能尊兄之志，逼吾不得归朝，亦以甚矣，复欲执天子使者，我虽胡夷，所未闻也。"并对晋朝廷使者表明了自己的心迹："匹磾世受重恩，不忘忠孝。今日事逼，欲归罪朝廷，而见逼迫，忠款不遂。若得假息，未死之日，心不忘本。"随后，段匹磾便渡黄河南行，被石虎俘获。是时为东晋大兴四年（公元 321 年）。

段匹磾被俘之后，仍然心存晋朝廷。表示自己绝不忘故国晋朝，也绝不会降赵。段匹磾被押到襄国（治所司州，今河北邢台），石勒封其为冠军将军，段匹磾拒而不受，见石勒也不为礼。段匹磾被关一年之后，终于被石勒杀害了。

朱序母子忠贞为国

朱序，字次伦，义阳郡平氏县（今河南桐柏县）人。父亲朱焘，以才干历西蛮校尉、益州刺史。母亲韩氏，亦精通武艺，颇知谋略。她平素对朱序要求极为严格，训以忠君爱国之义，教以行军布阵之方。故朱序在少年时候，已开始随着父亲跃马横枪驰骋疆场了。

朱序早年因平定梁州刺史司马勋叛乱有功，官拜征虏将军。宁康元年（公元 373 年），超迁使持节、南中郎将兼梁州刺史，镇守襄阳（今湖北襄樊）。就在这时候，前秦的国主苻坚基本上统一了北方，派遣他的儿子苻丕领兵数万南下。襄阳历来是兵家必争之地，又是东晋的边防重镇。朱序日夜操练兵马，决心据城固守。母亲韩氏为了协助儿子，亲自登上城头巡视。她认为，城西北角尤为重要，必然首先受到威胁，如果一旦被敌人占据，并集结重兵来攻，整个襄阳城将会失守。于是，她不顾自己年老体衰，身着戎装，亲自带领着 100 多个婢女背石垒墙。她又动员全城女子，投入修建新城的劳动中。经过日夜奋战，一座高 20 多丈的新城终于在西北角矗立起来。

果然，前秦军在苻丕带领下进攻城西北角。由于前秦军来势凶猛，西北角被攻下，朱序只好引领晋军退守新城。这时，母亲韩氏亲自登城督战，她冒着生命危险，指挥士卒一次又一次杀退了登城的前秦兵。在她的感召下，全城皆兵，英勇御敌，双方相持一月有余，迫使苻丕只好引军撤退。这样，襄阳城终于转危为安。全城百姓夸赞韩氏的功绩，就将新筑的城称为"夫人城"。

又过了半年，苻坚亲自领兵攻打襄阳。由于朱序的部将李伯护叛国投敌，里应外合，襄阳城遂告失守，朱序和母亲韩氏亦被俘。苻坚认为，李伯护的行为不忠，留之必为祸患，便一刀把他杀了。朱序呢？他谨守母亲韩氏的训诫，身在秦营而心存晋室，盼望着伺机再为国立功。

太元八年（公元 383 年），秦晋两军会战于淝水（今安徽寿县城东）。心怀故国的朱序，利用苻坚派他去晋营劝降的机会，建议晋将谢石马上兵渡淝水进行速战，以挫败前秦军的前锋部队。当前秦军后撤时，朱序又趁机在军中大呼："秦军败了，秦军败了！"于是，前秦军的主力 80 万大军，顿时大乱，"草木皆兵"，亡命逃窜，互相践踏而死的不计其数。晋军大获全胜，朱序亦重回晋廷，官拜龙骧将军，转扬州豫州五郡军事、豫州刺史。

虞悝举家为国尽忠

东晋王朝建立以后，大士族王导、王敦实际上掌握了朝政。王导居于朝中执政，王敦掌重兵于荆州（治所武昌，今湖北鄂城）。是时有"王与马，共天下"之说。晋元帝司马睿感到王氏势力太大，对自己是个威胁，便设法削弱王氏权势。他重用刁协、刘隗、戴渊等，令刘隗、戴渊征发扬州（治所建康，今江苏南京）大户之奴隶为兵。他对内疏远王导，外则防御王敦。元帝永昌元年（公元 322 年），王敦便以诛奸臣刘隗为名，起兵反叛晋廷。

王敦起兵后，遣参军桓罴去见湘州（治所长沙，今属湖南）刺史、谯王司马承，约其共同举兵进攻都城建康（今江苏南京）。司马承忠于晋朝廷，他认为长沙"土地荒芜，人民稀少，势力孤单，后援断绝，怎能挨得过去呢？不过能为忠义而死，还能再有什么希求呢？"于是他决定依靠当地的豪杰帮助抵御王敦叛军，保卫晋王朝。司马承知道长沙豪杰中名虞悝者，"有操行，孝悌廉信为乡党所称"，便任虞悝为湘州长史。

虞悝，长沙（今湖南长沙）人。曾在州、郡任职。司马承接任湘州刺史时，便闻虞悝之名，现面临王敦叛军的进攻，更急切需要虞悝这样有名望、有才干的地方豪杰来协助。当司马承委任虞悝为州长史时，虞悝母亲去世，在家服丧，司马承便亲往吊唁。

吊唁之后，司马承便对虞悝及其弟虞望说道，我所以奉命前来镇守湘州，就是因为看到王敦擅权，想到这里来防止王敦的灾祸。现在王敦果真造反为逆。我作为受命镇守一方的长官，想率所部将士勤王平叛，以救国家之难。但是士兵少而粮草乏，力不从心。而且我又刚到湘州，恩义未结，百姓还不太信任我。接着，司马承又说："您家兄弟是湘州地区的豪俊之士，现在王室正遭受危难，古人在服丧期间，投身战事也在所不辞。"他要求虞氏兄弟节制悲哀，而尽忠义，报效国家。

虞悝兄弟见司马承在国家危难之际前来相邀，深感司马承忠义之情发于内心，也就慨然应允。虞悝、虞望指出，现在顺天诛逆是深得民心的事，不过湘州地荒，器械粮草空竭，又乏舟舰。以此进讨王敦，看来不大可能。虞悝便与司马承计议道："进击王敦叛军可能性不大，但是，王敦叛军是必然会来进犯的，应有所防备。"司马承接受了虞悝兄弟的建议，并再次请虞悝为州之长史，命虞望为司马，负责统帅各路军队，与属下各郡太守一起声讨王敦。司马承回州便囚禁了王敦的使者桓罴。

湘州内各郡纷纷响应司马承讨伐王敦的号召，只有王敦的姐夫、湘东（治所酃县，今湖南衡阳）太守郑澹不从，于是司马承便命虞望率军讨伐，斩杀了郑澹。

王敦得知湘州司马承起兵反对自己，并且斩杀了自己的姐夫，不禁怒火中烧，立即派大将魏义率军前去攻打。魏义率军一到，便急攻长沙。司马承、虞悝遣使者出城求救，均被魏义巡逻军所截获，使救援无望。这时，王敦叛军已攻入建康，消息传入长沙城中，司马承、虞悝等知后，十分怅惘。虽然如此，虞悝、虞望兄弟，率领长沙军民，仍然坚守城池。每次魏义率军攻城，虞望都率先上城守卫，并奋力杀敌。长沙军民英勇抗击，多次打退魏义的进攻，杀死杀伤大批叛军。

虞悝、虞望兄弟领导长沙军民与叛军相持100多天，战斗非常激烈。坚守长沙十分艰苦，它并无外援，而且城内"士卒死伤相枕"。此后不久，虞望又"力战而死"。四月初十魏义率叛军攻入长沙城，虞悝和司马承等均力竭被俘。

魏义深恨虞悝。他知道，为司马承出谋划策、领导抗击王敦叛军的就是虞悝。所以，他决定杀死虞悝。虞悝忠贞为国，视死如归，深深感动了子弟们，就这样，虞悝阖家为国慷慨就义。

在王敦叛乱平定之后，晋朝廷追赠虞悝为襄阳（在今湖北襄樊南）太守，虞望为荥阳（今属河南）太守，并派使者至墓前祭奠，以此表彰为国尽忠的虞氏阖门。

朱伺舍家卫国

朱伺，字仲文，晋朝人，以勇武闻名，先后参加过平定张昌、陈敏叛乱，又以讨伐叛将杜弢立大功。东晋初建时，他已60多岁，官封广威将军，领竟陵内史。

这年，野心勃勃的镇军将军府里的参军杜曾趁着东晋王朝刚刚建立、政局不稳之机，拥兵作乱，割据一方。朱伺奉元帝司马睿的命令，随同荆州刺史王廙去讨伐杜曾。杜曾见官军来势不小，假装愿意投降，并表示要配合官军消灭其他割据势力，将功赎罪。朱伺深知杜曾的为人，提醒王廙说："杜曾是个阴险狡猾的贼首，他表面降服是为了引诱官军西上荆州，待官军主力一走，他可能要偷袭扬口镇，到那时官军会吃亏的。"但是王廙骄傲自大，他不听朱伺的劝告，反而以为朱伺年老胆怯，全家百余口又在扬口镇里，舍不得离家西行。朱伺有口难辩，只好率军向荆州进发。

果然，官军前脚刚走，杜曾重又叛变。王廙后悔莫及，忙令朱伺返回扬口镇。朱伺刚到扬口镇，便被杜曾叛军团团围困起来，情况十分危急。

这时，杜曾手下有个将领叫马隽，也在指挥着叛军攻城。马隽的家属还在城内。有人将他的家属抓起来，扬言要杀了他们。朱伺说道："杀了他的妻儿子女，并不能解围，反而更激怒了马隽，不如将他们放了。"朱伺的话是有道理的，但有些人却在说三道四，以为朱伺在讨好马隽，给自己先留下一条后路。

叛军的攻势越来越紧，扬口镇的北门陷落了。朱伺身先士卒，拼力抵抗，全身上下都被鲜血染红了，才退入船中继续战斗。叛军跳上船头后，四下寻找朱伺，但不见踪影。原来，朱伺已凿穿船底钻了出去，他在水里潜行50多步，终于爬到了对岸。

朱伺上岸以后，由于浑身是伤，走不动了。直到经过医疗包扎，才稍有好转。这时，杜曾派人来劝说朱伺投降。来人说："马隽将军感激您的大恩，使他全家不死，现在您家老小100多口，已由马隽将军好生照料着，希望您回城里与妻儿子女团聚吧！"朱伺大义凛然地回答道："我已是60多岁的人，身受朝廷的重恩，决不愿和你们一起做贼，落个不忠不义的罪名。我即使死后，也要头朝南地回到京城，至于我的妻儿老小，全交付给你们了，你们看着办吧！"

朱伺说罢，不敢多耽搁，他找到一匹马，忍着疼痛回到王廙军中，不久便因伤势过重死去了。

江子一满门忠义

江子一，字符贞，南朝梁代济阳考城（今河南兰考）人，官至通直散骑侍郎、南津校尉。他弟弟子四，为尚书右丞；弟弟子五，为东宫直殿主帅。兄弟三人，官职虽然不高，但为人高洁，从不巴结逢迎，情愿粗茶淡饭，以保持高尚节操。

太清二年（公元 548 年），曾投降梁朝的东魏将军侯景又公开叛变。一时之间，贼势甚为嚣张，占寿阳、取谯州、陷历阳，引兵直指长江。江子一是仅次于将军的南津校尉，奉命率领了一千多名水兵，想在下游采石江面截击叛军。可是，就在这个时刻，他的副指挥董桃生因为家在江北，不顾国家安危，和江北籍的士兵串通一气，临阵逃跑到江北去。于是，军心散乱，无法应战，江子一只好收集剩下的人马，退回都城建康。同年十一月，当时仅有马数百匹、兵 8000 人的侯景，终于渡过了号称"天堑"的长江，并很快地包围了建康。

梁武帝萧衍平日迷信佛教，以侯景缺乏警惕，又错误地委任侄子萧正德为统帅，而萧正德却与侯景相互勾结。梁武帝不反省自己，反而责备江子一不战而走。江子一一边叩头谢罪，一边说道："微臣早已以身许国，只怕不能为国而死，但由于部下临阵逃散，只有微臣一人又如何阻挡。如今，叛军已至城下，微臣愿意发誓，要粉身碎骨以赎前罪，不死在阵前，也要死在阵后。"

江子一是一位忠肝义胆的人，他趁叛军尚未围拢都城之前，向朝廷请示出战。他和弟弟子四、子五率领着100多名壮士，从承天门直冲出去。江子一一马当先，径至叛军大营门前，高声喊道："叛贼，为何不快快出来决一死战？"叛军起初不敢动，以为江子一他们人多势众，及至仔细一看，来者不过100多人，便呼啸一声围拢过来。江子一左冲右突，一条长槊使得神出鬼没，多次杀退叛贼，后来终因寡不敌众，肩膀受伤，坠马而死。

城头上见江子一落马，连忙鸣金收兵。子四对子五说："咱俩随哥哥一起出城，如今岂能独自回去。"于是，他俩喝退其他壮士，各自脱下盔甲，挥刀猛冲过去。结果，子四前胸中了一枪，穿透后胸而死；子五脖颈上连中数刀，被人救出回到护城河边，大叫一声而壮烈牺牲。

建康京城陷落了，80多岁的梁武帝本人也在京城陷落后不久被饿死了。这场被史家称之为"侯景之乱"的叛乱，遂使梁王朝一蹶不振。喘息未定的朝廷虽然诏令表彰了江子一兄弟三人，追赠子一为给事黄门侍郎，子四为中书侍郎，子五为散骑侍郎，但由于内部争斗不已，注定了王朝必然灭亡的败局。

江子一兄弟三人，捐躯殉难，赴死如归，忠义一门，笼罩今古。可知败亡之国，亦必有英风劲节的忠臣。

徐徽言誓死不屈

宋高宗建炎二年（公元 1128 年）十一月，金兵攻破延安府（今属陕西），随即从绥德军（今属陕西）渡过黄河直扑晋宁军（今属陕西）。宋朝武经郎，知晋宁军兼岚石路沿边安抚使徐徽言率领军民奋力抗金，顽强地进行了保卫晋宁的战斗。

徐徽言，字彦猷，衢之西安（今浙江衢县）人。他常年战斗在西北地区，与金国、西夏作战，多有军功。靖康元年（公元 1126 年），金人围太原（今属山西），使隰（治所隰川，今山西隰县）、石（治所离石，今山西离石）以北，命令不通达一个月。于是徐徽言率 3000 人渡河，一战而破敌兵，被宋廷委为知晋宁军兼岚石路沿边安抚使。

靖康元年年底，在金兵进至汴梁（今河南开封）时，徐徽言奉命守河西。宋徽宗惧敌妥协，竟割西河之地给金国。同知枢密院事聂昌，被金人俘虏，他竟"以便宜割河西三州隶西夏"。晋宁军民十分恐惧，他们认为，丢弃麟（治所新秦，今陕西神木北）、府（治所府谷，今陕西府谷）、丰（治所丰州，今陕西府谷西北）三州，晋宁难以单独保存。徐徽言认为，这只是聂昌矫诏行事，不足为凭。他便率兵收复了三州，西夏守将都投降了徐徽言。接着，他又收复了岚州（治所宜芳，今山西岚县北）、石州等地。

金人对徐徽言的举动十分恐惧，下决心要拔掉这颗眼中钉。正在这时，徐徽言的亲家折可求投降了金人，于是金人带折可求到晋宁城下，准备劝徐徽言投降。徐徽言知道折可求来劝降，便登上城楼，以爱国大义责备折可求，折可求竟说徐徽言对自己无情义，徐徽言引弓挂箭对折可求厉声说道：“你背叛国家，有什么资格说我无情无义。我和你之间没有任何情义。”说着，一箭射去，正中折可求，使他受伤而逃。徐徽言乘机率军出战，打败金兵，杀死金兵大将娄宿孛堇之子。

在晋宁抗御金兵之时，河东各郡县都已为金国征服，巍然屹立的晋宁横在大路之中，阻挡着强敌的前进。建炎二年冬，金兵进围晋宁。徐徽言坚壁抗敌，亲自抚慰士兵。他并不消极防御敌人，而是派人泅渡黄河，号召逃亡到山谷中的百姓数万人浮筏西渡到晋宁，增强了晋宁的抗敌力量。徐徽言还同金兵在黄河上大战，数十次的战斗，杀死杀伤敌人无数。晋宁本来就被称为天下之险，徐徽言极力经营，他扩展了外城，东临黄河，城外之堑，深不可测，堞垒坚固，械备完整，使晋宁更加险要，不易攻破了。徐徽言还组织诸将划分防区，分区而守，敌人来攻，各防区将士奋力杀敌；徐徽言组织劲兵，往来巡视，作为游动的援军。

由于徐徽言的有效防御，金兵围攻晋宁三个月，每次攻城，都被击退。金兵虽经失败，却不甘心，围攻更加严急。晋宁军民不用井水，而汲河水饮用，于是金兵堵塞黄河支流，使晋宁城中无水可饮。但是，徐徽言深得晋宁军民的拥护，虽然城中伤兵满营，军民们仍然以死守城。最后，城中御敌的弓箭和石头都没有了，士兵们饿得难以站立起来。徐徽言深知，晋宁城已无法支持下去了，便将城中攻防器具焚烧，不给敌军留下。他还写信给哥哥，表达了自己誓死不降的决心。

建炎三年（公元 1129 年）三月十二日晚，裨校李位开城降敌，金兵涌入。坚守三个月的晋宁城即将陷落，徐徽言仍然与金人在城门拼杀，斩杀了不少金人。之后，他退守主将所居之牙城，金兵全力围攻牙城。为了不使妻子等家人遭到金人的凌辱，徐徽言纵火焚烧了自己的家宅。天将亮时，徐徽言身边的士兵大多战死，他便持剑坐在大堂上，慷慨地对将士们说："我是大宋的子民，绝不投降金人。"说完，举剑自刎，众将士急忙上前阻拦。这时，金兵已涌入大堂，徐徽言被俘。

金将娄宿孛堇为劝降徐徽言，便先让徐徽言的好友劝他穿戴朝衣去见娄宿孛堇，徐徽言愤怒地斥责道："朝章，觐君父礼，以入穷庐可乎？汝污伪官，不即愧死，顾以为荣，且为敌人摇吻作说客邪？不急去，吾力犹能搏杀汝。"一番话说得说客无言以对，只好灰溜溜地回去了。

娄宿孛堇见徐徽言不降，便亲自去劝他。娄宿孛堇告诉徐徽言：宋朝的二位皇帝（徽宗、钦宗）已被我们俘虏北去，你还为谁守城？徐徽言答道："我为建炎天子守城。"娄宿孛堇又说道："我们金朝的军队已经大举南下，战领中原是迟早的事儿，你又何必这样执拗呢？"徐徽言大怒道："我恨自己不能斩了你的首级面见天子，那么我就以死报答太祖、太宗，让他们知道我的忠心！"娄宿孛堇见劝说不动，便以世代为延安之帅、管辖全陕之地作为条件，引诱徐徽言变节。徐徽言更为愤怒地指斥道："我深受大宋王朝的恩惠，今天落入敌手，死是我最大的愿望，怎么可能会屈膝于你们呢？"娄宿孛堇见利诱不成，便举戟向徐徽言刺去，谁知，徐徽言视死如归，他神态自若地敞开衣服挺胸迎着戟刃而去。娄宿孛堇见徐徽言是个不怕死的汉子，更想招降他了。便设宴款待，准备再行劝说，徐徽言拿起酒杯掷向娄宿孛堇，并大骂金人。

娄宿孛堇见徐徽言如此坚贞，知道再也无法劝他投降了，便将徐徽言杀死，徐徽言临刑前骂不绝口。金国大将粘罕听到徐徽言被娄宿孛堇处死，非常气愤，对娄宿孛堇训斥道："你是一个鲁莽而目光短浅的人，徐徽言是忠义之人，怎么能把他杀了呢？"并重治娄宿孛堇之罪。对于忠义爱国之士，金国大将也是十分敬重的。

徐徽言死节的消息传到南宋朝廷，宋高宗抚几震悼，对宰相说："徐徽言报国死封疆，临难不屈，忠贯日月。"将他比之唐代爱国名臣颜真卿、段秀实，这样的评价是很妥当的。